技工院校一体化课程教学改革 机床切削加工 数控加工 专业教材

零件普通铣床加工（一）

人力资源和社会保障部教材办公室组织编写

中国劳动社会保障出版社

内容简介

本书主要内容包括普通铣床的基本操作、平行垫铁的铣削、T形螺母的铣削、压板的铣削四个学习任务。

图书在版编目(CIP)数据

零件普通铣床加工. 1/人力资源和社会保障部教材办公室组织编写. —北京：中国劳动社会保障出版社，2012

技工院校一体化课程教学改革机床切削加工/数控加工专业教材

ISBN 978-7-5045-9935-3

Ⅰ.①零… Ⅱ.①人… Ⅲ.①铣削-技工学校-教材 Ⅳ.①TG540.6

中国版本图书馆 CIP 数据核字(2012)第 194032 号

中国劳动社会保障出版社出版发行

（北京市惠新东街1号 邮政编码：100029）

出 版 人：张梦欣

*

北京市艺辉印刷有限公司印刷装订 新华书店经销

787 毫米×1092 毫米 16 开本 10.5 印张 249 千字

2012 年 9 月第 1 版 2026 年 1 月第 14 次印刷

定价：43.00 元

营销中心电话：400-606-6496

出版社网址：http://www.class.com.cn

http://jg.class.com.cn

版权专有 侵权必究

如有印装差错，请与本社联系调换：(010) 81211666

我社将与版权执法机关配合，大力打击盗印、销售和使用盗版图书活动，敬请广大读者协助举报，经查实将给予举报者奖励。

举报电话：(010) 64954652

技工院校一体化课程教学改革教材编委会名单

编审委员会

主　任：王晓初

副主任：吴道槐　张　斌　张梦欣　金　龄　张亚男　王晓君

委　员：冯　政　田　丰　翟　涛　万　象　何绪军　刘　春　王雪宁
蔡　兵　陈　蕾　蒋燕辰　刘素华

编审人员

主　编：曹志斌

参　编：张同兴　李灿军　蓝韶辉　何宏伟　傅　伟　王志广　马敏娟
徐洪彬　赵安静

主　审：马苍平

顾　问：朱永亮　张利芳　张晓梅

■ 序

人才是我国经济社会发展的第一资源，技能人才是人才队伍的重要组成部分。党中央、国务院高度重视技能人才队伍建设工作，2009 年 12 月，胡锦涛总书记在视察珠海市高级技工学校时指出："没有一流的技工，就没有一流的产品"、"技能型人才在推进自主创新方面具有不可替代的重要作用"。技工院校是系统培养技能人才的重要基地。多年来，技工院校始终紧紧围绕国家经济发展和劳动者就业，以满足经济发展和企业对技术工人的需求为办学宗旨，形成了鲜明的办学特色，为国家培养了大批生产一线技能劳动者和后备高技能人才。

当前，我国处于全面建设小康社会的关键时期，随着加快转变经济发展方式、推进经济结构调整以及大力发展高端制造产业等新兴战略性产业，迫切需要加快培养一大批具有精湛技能和高超技艺的技能人才。为了遵循技能人才成长规律，切实提高培养质量，进一步发挥技工院校在技能人才培养中的基础作用，从 2009 年开始，我部借鉴国内外职业教育先进经验，在全国 17 个省（区、市）的 30 所技工院校启动了一体化课程教学改革试点工作，推进以职业活动为导向，以校企合作为基础，以综合职业能力培养为核心，理论教学与技能操作融合贯通的一体化课程教学改革。这项改革试点将传统的以学历为基础的职业教育转变为以职业技能为基础的职业能力教育，促进了职业教育从知识教育向能力培养转变，努力实现"教、学、做"融为一体，收到了积极成效。改革试点得到了学校师生的充分认可，普遍反映一体化课程教学改革是技工院校一次"教学革命"，学生的学习热情、教学组织形式、教学手段和学生的综合素质都发生了根本性变化。试点的成果表明，一体化课程教学改革是转变技能人才培养模式的重要抓手，是推动技工院校改革发展的重要举措，也是人力资源社会保障部门加强技工教育和在职业培训工作的一个重点项目。

教学改革的成果最终要以教材为载体进行体现和传播。根据我部推进一体化课程教学改革的要求，一体化课程改革专家、几百位试点院校的骨干教师以及中国人力资源和社会保障出版集团的编辑团队，用了三年多的时间，组织实施了一体化课程教学改革试点，并将试点中形成的课程成果进行了整理、提炼，汇编成“活页”教材。这套教材不仅在形式上打破了传统教材的编写模式，而且在内容上突破了传统教材的结构体例，在国内职业教育培训教材领域中均属首创。这套教材及配套资料的出版，不仅是本次一体化课程教学改革试点工作的阶段性总结，也是一体化课程教学改革不断深化和全面推广的一个起点。希望全国技工院校将一体化课程教学改革作为创新人才培养模式、提高人才培养质量的重要抓手，进一步推动教学改革，促进内涵发展，提升办学质量，为加快培养合格的技能人才作出新的更大贡献！

人力资源和社会保障部副部长

王晓初

二〇一二年八月

活页式教材使用说明

◆ 页码编排方式

为了更加方便地在教材中增删和替换内容，页码采用“学习任务编号－学习活动编号－页码号”三级编排形式，如“3–2–4”表示“学习任务三”的“学习活动2”的第4页。

◆ 过程评价表使用方法

教材中设计了“自评表”、“互评表”、“教师总评表”、“综合评价表”等评价表格，表头上有“班级”、“姓名”、“学号”等信息栏，从活页教材中取出评价表填写后可以单独提交。

◆ 教材内容更新方法

中国人力资源和社会保障出版集团将根据一体化课程教学改革的推进以及科学技术的发展和不同地域的需要，不断补充和更新教材中的学习任务和学习活动，学校可以从“技工院校一体化教学资源网（http：//yth.cott.org.cn）”下载（需在网站注册）。通过网站还可以了解到更多的一体化课程教学改革信息和下载相关资源。

◆ 便携式活页夹和 PVC 保护板使用方法

使用教材中附赠的便携式活页夹，可以灵活方便地将教材中部分内容携带至一体化教学场地。教材内附的整张 PVC 保护板可以作为学习记录垫板使用。

◆ 参考用书选用方法

在学习过程中，学生需要查阅大量参考资料，下表为中国人力资源和社会保障出版集团出版的适宜本专业一体化教学使用的参考书目录。

机床切削加工／数控加工专业一体化教学参考书目录（中级阶段）

序号	书号	书名
1	978-7-5045-9709-0	机械制图（少学时）（双色印刷）
2	978-7-5045-9690-1	机械基础（少学时）（双色印刷）
3	978-7-5045-9677-2	金属材料与热处理（少学时）（双色印刷）
4	978-7-5045-9717-5	极限配合与技术测量基础（少学时）（双色印刷）
5	978-7-5045-9689-5	机械制造工艺基础（少学时）（双色印刷）
6	978-7-5045-9713-7	工程力学（少学时）（双色印刷）
7	978-7-5045-9668-0	电工学（少学时）（双色印刷）
8	978-7-5045-8689-6	车工工艺与技能　学生用书Ⅱ　基础知识
9	978-7-5045-9159-3	铣工工艺与技能　学生用书Ⅱ　基础知识
10	978-7-5045-9128-9	数控加工工艺学（第三版）
11	978-7-5045-9097-8	数控机床编程与操作（第三版　数控车床分册）
12	978-7-5045-9112-8	数控机床编程与操作（第三版　数控铣床　加工中心分册）

目　　录

学习任务一　普通铣床的基本操作

学习目标

1. 能按照车间安全防护规定，穿戴劳保用品，执行安全操作规程。

2. 能描述铣床的分类、组成、结构、功能，指出各部件的名称和作用，并能按铣床的安全操作规程操作机床。

3. 能查阅机床使用手册，明确机床功率、精度、加工范围等技术参数。

4. 能识别铣床常用刀具材料、种类，并能叙述其用途。

5. 能掌握刀具的安装及拆卸方法，并能独立、正确、规范地安装及拆卸铣刀。

6. 能描述铣床常用附件、工具的名称及用途。

7. 能对铣床进行日常保养和维护。

8. 能主动获取有效信息，展示工作成果，对学习与工作进行总结反思，能与他人合作，进行有效沟通。

建议学时

20 学时。

工作情境描述

新员工入职后，企业一般要对新员工进行岗前培训。你作为一名刚刚走上铣工岗位的新员工，要接受 1 周时间的铣工岗前培训，内容包括安全文明生产教育、岗位认知、铣床基本操作技能培训等。

工作流程与活动

1. 参观生产现场（4 学时）
2. 铣床的基本操作（14 学时）
3. 总结评价（2 学时）

学习活动1　参观生产现场

学习目标

1. 能按照车间安全防护规定，穿戴劳保用品，描述安全操作规程。

2. 能描述铣床的加工内容，并能认知常用铣床。

3. 能描述铣床的分类、型号、名称及其加工特点。

建议学时　4学时。

学习过程

一、参观前准备

安全文明生产是企业生产管理的重要内容之一，影响企业的产品质量和经济效益，影响设备的利用率和使用寿命，影响工人的人身安全。作为新员工，进入企业的初期，就要培养良好的安全生产和文明生产习惯，为将来进一步做好工作打下良好的基础。

在参观前学习安全文明操作规程，然后回答以下题目。

1. 观察图1—1—1、图1—1—2，说一说生产现场的着装要求。

a)

b)

图 1—1—1　工作服的穿戴

a）穿好工作服　b）女工戴好工作帽

图 1—1—2　不规范着装的危害

2. 案例分析

工人小丽穿着新买的皮凉鞋，披着新染的长发去厂里上班。一看时间快来不及了，她便直接来到了车间，启动了机床。刚准备工作，看看自己精心护理的一双手，小丽赶紧找出一副手套戴上。

请讨论一下，小丽现在能开始工作了吗？如果不能，请指出她的哪些行为是错误的，应该如何改正。

工作过程中，小丽发现旋转的铣刀刀轴上有一点脏，她赶忙用抹布擦了擦，被组长看到了，组长过来制止并批评了小丽。

组长为什么要批评小丽？

二、参观生产现场

参观时视现场场地情况分为 5 ~ 10 人一组，每组选出一个负责人。以小组为单位，按指定路线参观。

1. 通常生产现场的布置如图 1—1—3 所示。仔细观察你所参观生产现场的布局，在下面画出参观路线图。

图 1—1—3　生产现场

2. 工厂中常见的机床有车床、铣床、钻床（图 1—1—4）等。通常在机床上贴有铭牌（图 1—1—5），铭牌上记录了该机床的类型、型号、主要技术参数、生产厂家等信息。请记录参观中见到的机床信息，填写在表 1—1—1 中。

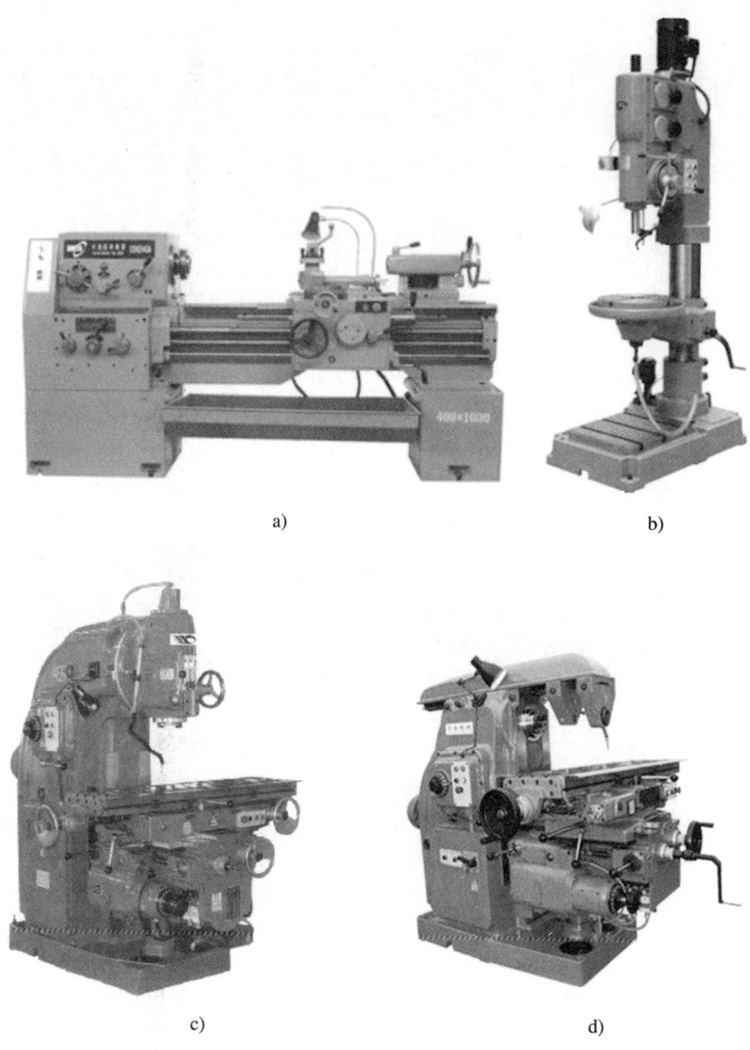

图 1—1—4　铣床类型

a）车床　b）钻床　c）立式铣床　d）卧式铣床

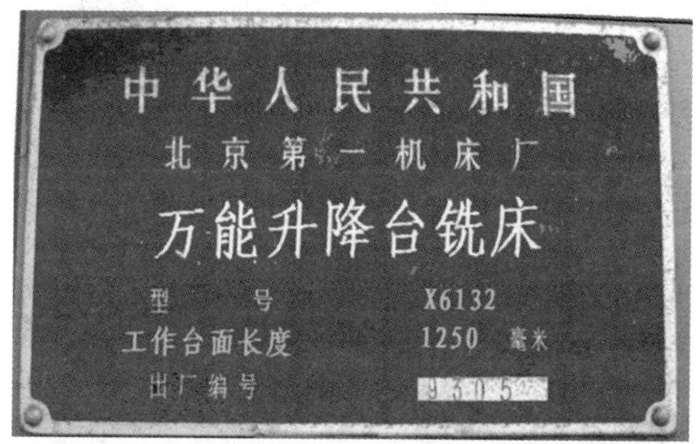

图 1—1—5　铣床铭牌

表 1—1—1　　机床信息

类型	型号	主要技术参数	生产厂家

3．在生产现场可以看到很多如图 1—1—6 所示的加工工件，请记录你在参观过程中看到的工件的名称和所用机床，填写在表 1—1—2 中。

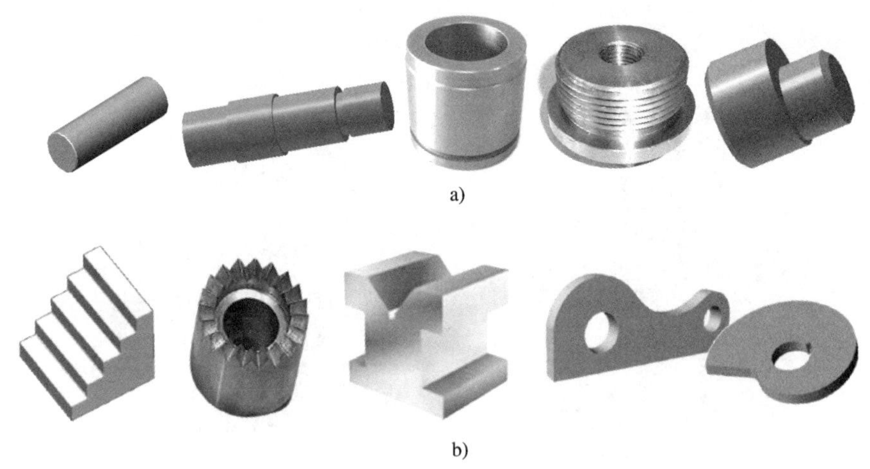
a)

b)

图 1—1—6　工件

a）车床加工工件　a）铣床加工工件

表 1—1—2　　加工工件

工件名称	所用机床

4．在生产现场要严格按照安全文明生产规定操作机床（图 1—1—7），观察工人的机床操作过程，并记录下他们都采取了哪些安全文明生产措施（至少写出 5 条）。

图 1—1—7　机床操作

三、参观后工作

1. 查阅资料，写出你在参观过程中记录的机床型号的含义，填写在表 1—1—3 中。

表 1—1—3　机床型号含义

机床型号	含　　义

2. 你在参观过程中记录的工件哪些是在铣床上加工完成的？它们有什么特点？

3. 指出图 1—1—8 中铣削加工的具体内容，填写在横线上。

________________ ________________ ________________

________________ ________________ ________________

________________ ________________ ________________

图 1—1—8 铣削加工内容

4. 工厂中有这样一句话:“伟大的车工，万能的钳工，难不住的是咱铣工。”你怎么理解这句话?写出通过这次参观你对铣工这一职业的认识。

学习活动 2　铣床的基本操作

学习目标

1. 能描述铣床的组成、结构和功能，指出各部件的名称和作用，并能按铣床的安全操作规程操作机床。

2. 能查阅机床使用手册，明确机床功率、精度、加工范围等技术参数。

3. 能认知铣削的主运动及进给运动，在实际操作中能正确区分。

4. 能识别铣床常用刀具材料、种类，并能叙述其用途。

5. 能掌握刀具的安装及拆卸方法，并能独立、正确、规范地安装及拆卸铣刀。

6. 能描述铣床常用附件、工具的名称及用途。

7. 能对铣床进行日常保养和维护。

建议学时　14 学时。

学习过程

一、铣床及刀具、工具的认知

1. 铣床的认知

操作铣床前首先要了解铣床的结构、功能、主要技术参数以及铣床的运动方式。

（1）X6132 型铣床是目前应用最广泛的一种卧式万能升降台铣床。观察如图1—2—1 所示 X6132 型铣床结构图，查阅资料，完成表 1—2—1 铣床主要部分的名称和功能的填写。

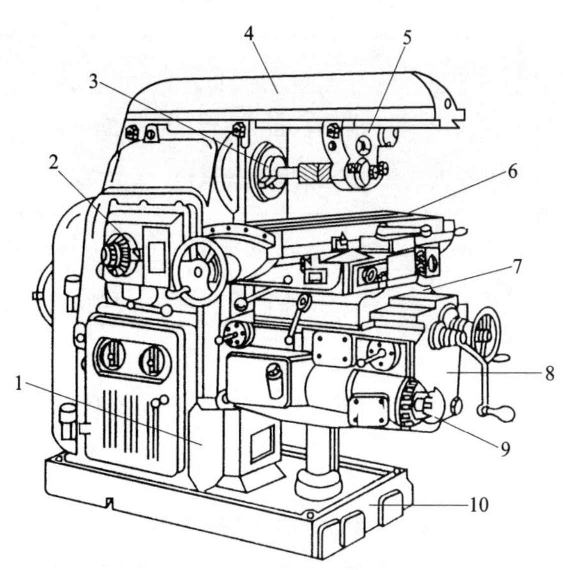

图 1—2—1　X6132 型铣床结构图

表 1—2—1　　铣床主要部分的名称和功能

序号	名称	功能
1	床身	是机床的主体，用来安装和连接机床其他部件。床身正面有____导轨，可以引导升降台上、下移动。床身顶部有____形水平导轨，用以安装横梁并按需要引导横梁做水平移动。床身内部装有________和主轴变速机构
2	__________	机构安装在________内，其功用是将主电动机的额定转速通过齿轮变速，变换成____种不同转速，传递给主轴，以适应铣削的需要
3	__________	是一前端带锥孔的______轴，锥孔的锥度为____，用来安装铣刀刀杆和铣刀。主电动机输出的回转运动，经主轴变速机构驱动主轴连同铣刀一起回转，实现____________
4	横梁	可沿床身顶部燕尾形导轨移动，并可按需要调节其伸出长度。其上可安装挂架
5	挂架	用以______刀杆的外端，增强刀杆的刚度
6	__________	用以安装需用的铣床______和______，带动工件实现纵向进给运动
7	__________	用来带动工作台实现横向进给运动。横向溜板与工作台之间设有回转盘，可以使工作台在水平面内作______范围内的扳转

续表

序号	名称	功能
8	________	用来_____横向溜板和工作台，带动工作台_____、_____移动。其内部装有进给电动机和进给变速机构
9	________	用来_____和_____工作台的进给速度，以适应铣削的需要
10	底座	用来支持床身，承受铣床全部重量，盛储_______

（2）铣床的主要技术参数反映铣床的加工性能。查阅资料，完成表 1—2—2 中 X6132 型铣床的主要技术参数的填写。

表 1—2—2　　X6132 型铣床的主要技术参数

项目	规格
工作台面尺寸	工作台面长_____mm、宽____ mm
工作台最大行程	纵向（手动/机动）______________ mm 横向（手动/机动）______________ mm 垂向（手动/机动）______________ mm
工作台进给速度	_____mm/min 的___种不同的进给速度
工作台最大回转角度	
主轴锥孔锥度	
主轴转速	_____r/min 的___种不同的转速
机床工作精度	加工表面的平面度 _________mm 加工表面的平行度 _________mm 加工表面的垂直度 _________mm 加工表面的表面粗糙度 *Ra* 值 _________μm

（3）X5032 型立式铣床是一种常见的立式铣床，外形如图 1—2—2 所示。X5032 型立式铣床的规格、操纵机构、传动变速方法与 X6132 型卧式铣床基本相同，但两者的主轴功能不同，且 X5032 型立式铣床有回转铣头。请查阅资料，填写这两种机床主轴在功能上的不同点以及回转铣头的功能。

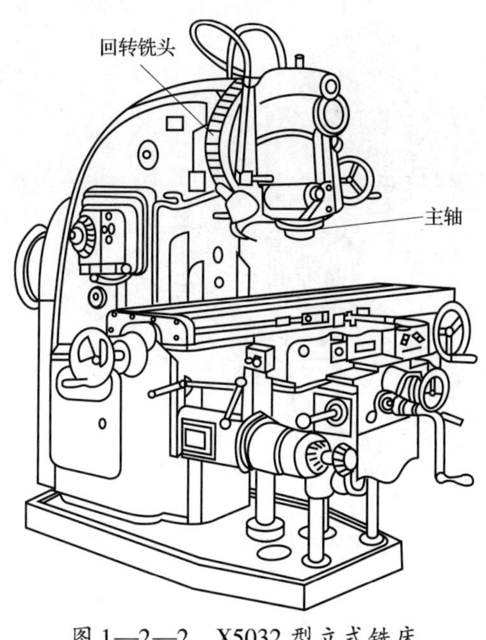

图 1—2—2　X5032 型立式铣床

1）主轴功能上的不同点：

2）回转铣头的功能：

（4）铣削时工件与铣刀的相对运动称为铣削运动。它包括主运动和进给运动。主运动是切除工件表面多余材料所需的最基本的运动，进给运动是使工件切削层材料相继投入切削从而加工出完整表面所需的运动。请结合图 1—2—3，指出铣床的主运动和进给运动分别是什么。

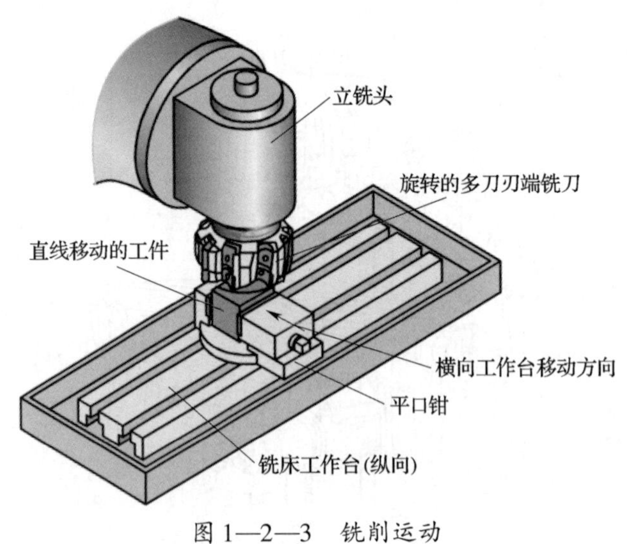

图 1—2—3 铣削运动

铣床的主运动：

铣床的进给运动：

2. 铣刀的认知

（1）铣刀按不同的加工内容有不同的类型。识读表 1—2—3 中所示铣刀，写出它们的名称。

表 1—2—3 铣刀类型

用途	名称	铣刀图示	铣削示例
铣削平面用铣刀			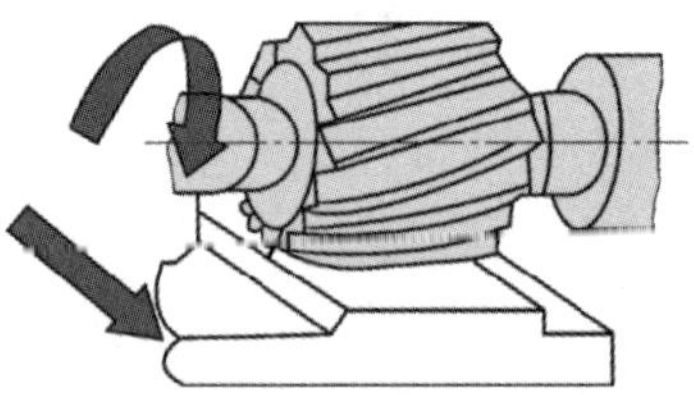
			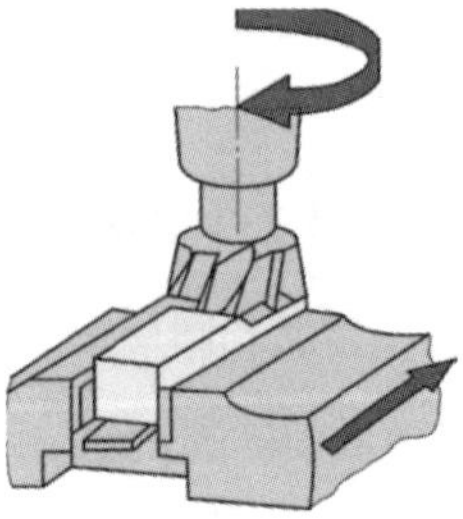

续表

用途	名称	铣刀图示	铣削示例
铣削直角沟槽和阶台用铣刀			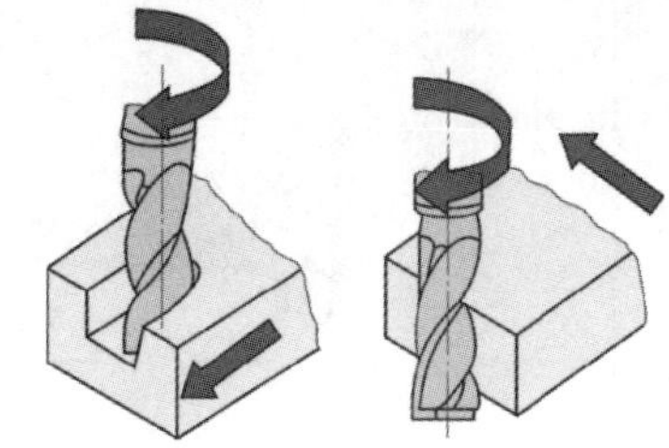
			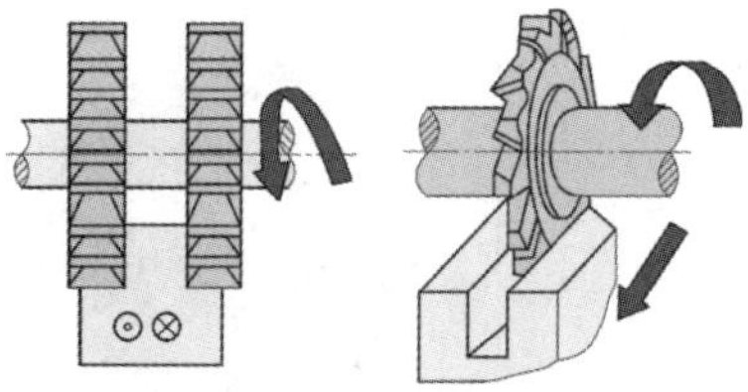
			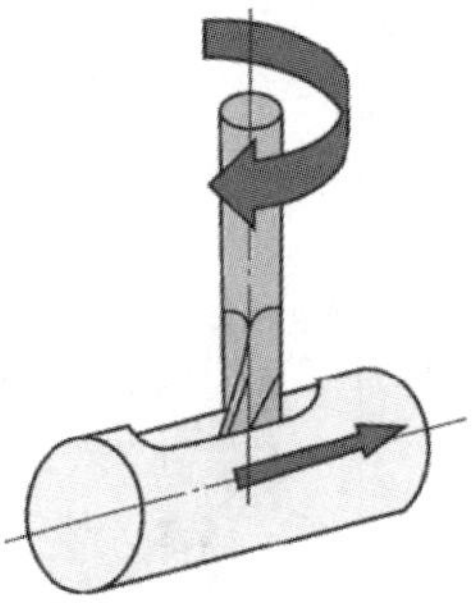
切断及铣削窄槽用铣刀			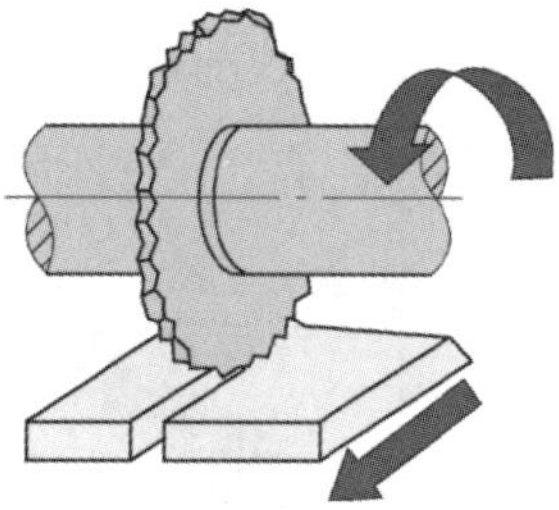
铣削特形沟槽用铣刀			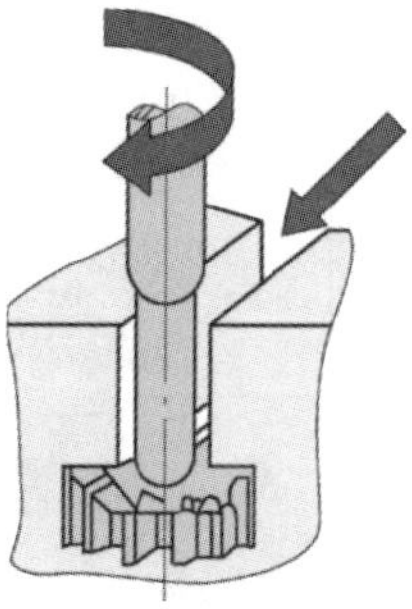

续表

用途	名称	铣刀图示	铣削示例
铣削特形沟槽用铣刀			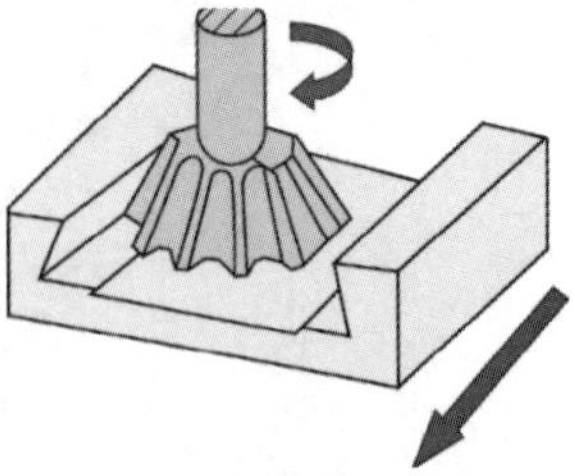
			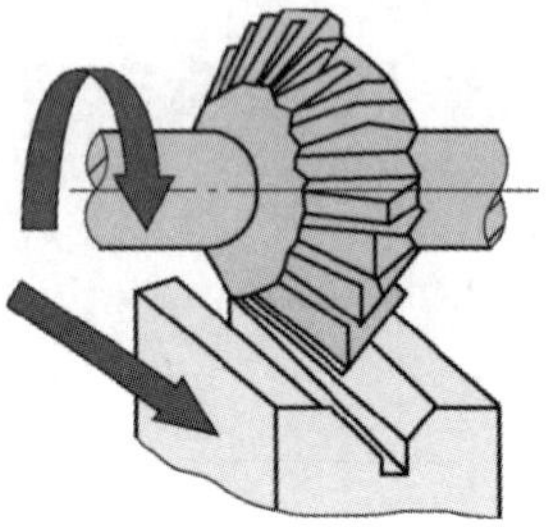
铣削特形面用铣刀			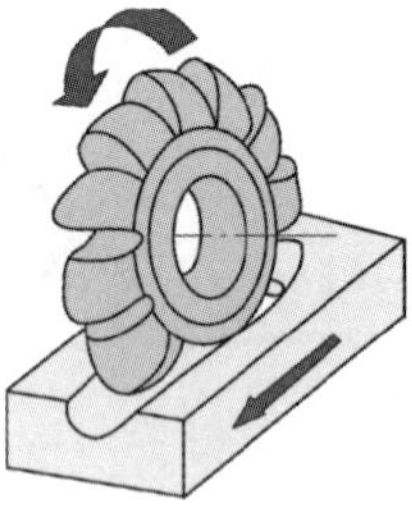
			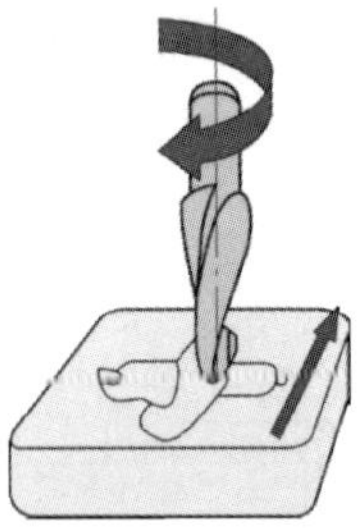
			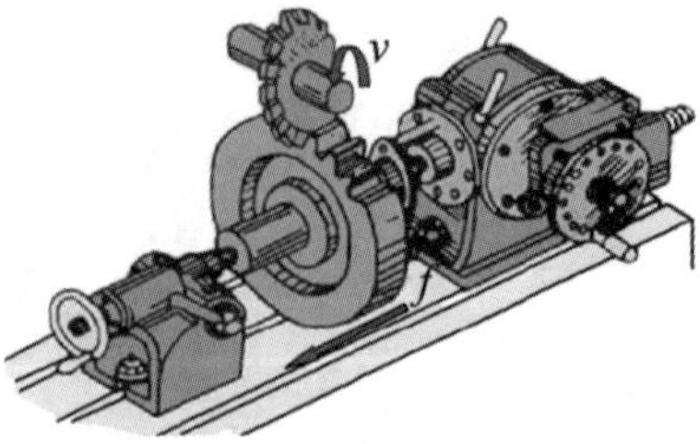

（2）铣刀标记是用来表示生产厂家、刀具材料、刀具尺寸等信息的一组代号，如图1—2—4所示。请写出下列各铣刀标记的具体含义。

图1—2—4　铣刀标记

80×80×27：

80×10×27：

100×3×27：

80×18×27×60°：

80×28×27×8R：

3. 铣床常用附件、工具的认知

为了满足铣刀和工件的安装要求，确保铣削时克服铣削力作用，使工件与铣床保持正确的位置关系，扩大铣床的使用范围，铣床常带有一些附件和工具。识读表1—2—4中铣床常用附件和工具，写出其名称和作用。

表1—2—4　　铣床常用附件和工具

工具名称	图　示	作用	应用示例

续表

工具名称	图　示	作用	应用示例

二、铣床的操作

1. 熟悉铣床操作步骤

（1）进行机床润滑

机床在使用过程中会产生大量的热量，如不进行润滑会造成机床磨损、操作困难等，所以每次开机前都要对机床进行润滑，并按照机床说明书定期对机床进行维护和保养。

1）读图 1—2—5 所示 X6132 型铣床润滑保养示意图，了解铣床需要润滑的部位，并填写各部位润滑要求的时间。

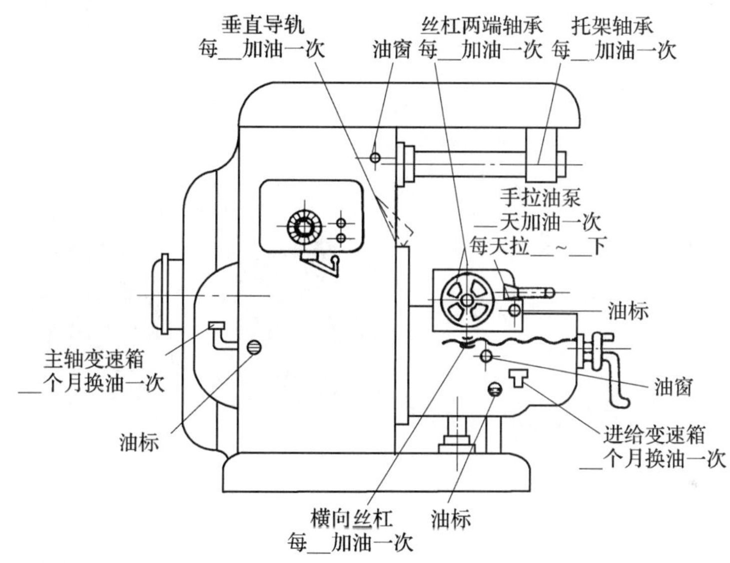

图 1—2—5　X6132 型铣床润滑保养示意图

2）阅读表 1—2—5，掌握铣床润滑的步骤，填写相关内容。

表 1—2—5　铣床润滑的步骤

操作步骤	图　示
班前、班后采用________对工作台纵向丝杠和螺母、导轨面、横向溜板导轨等注油润滑	

续表

操作步骤	图　示

铣床开动后，应检查各处________是否甩油。铣床的主轴变速箱和进给变速箱均采用自动润滑，即可在________________显示润滑情况。若油位显示缺油，应立即加油	
工作结束后，擦净铣床，然后对工作台纵向丝杠两端轴承、垂直导轨面、挂架轴承等采用________注油润滑	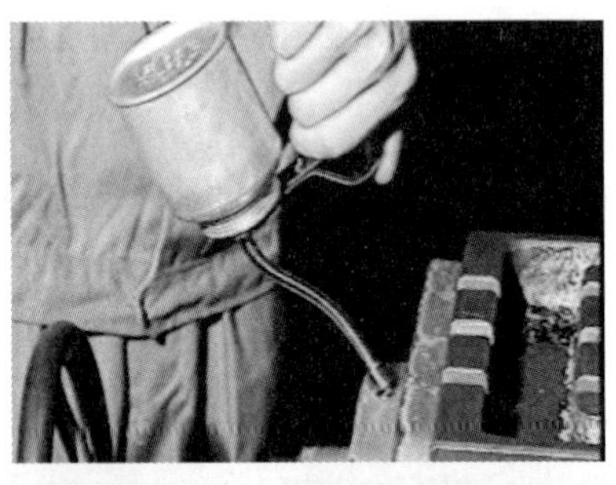 

(2) 手动进给操作

1) 阅读表 1—2—6，掌握工作台进给手柄的操作方法。

表 1—2—6　工作台进给手柄的操作方法

操作方法	图　示
操作时将手动进给手柄离合器分别与机床手动进给离合器连接。摇动工作台任何一个进给手柄，就能带动工作台做相应的手动进给运动。顺时针摇动手柄，即可使工作台前进（或上升）；反之，若逆时针摇动手柄，则工作台后退（或下降）。在进给手柄刻度盘上刻有"1 格 = 0. 05 mm"，说明进给手柄每转过 1 格，工作台移动 0. 05 mm。摇动各手柄，通过刻度盘控制工作台在各进给方向的移动距离。若手柄摇过了刻度，不能直接摇回，必须将其多退回约 1 转后，再重新摇到要求的刻度位置	纵向、横向手动进给手柄　垂直方向手动进给手柄

2) 如果工作台在纵向、横向、垂直方向分别移动 16. 75 mm、10. 15 mm、4. 30 mm，需要分别移动多少转零多少格？如果摇动手柄使工作台在某一方向按要求的距离移动时尺寸出现错误，应该怎么做？

（3）主轴变速操作

1）阅读表 1—2—7，掌握主轴变速的操作方法。

表 1—2—7 主轴变速的操作方法

操作方法	图示
1. 手握变速手柄球部下压，使其定位的榫块脱出固定环的槽 1 位置 2. 将手柄向左推出，使其定位的榫块送入到固定环的槽 2 内。手柄处于脱开的位置Ⅰ 3. 转动转速盘，将所选择的转数对准指针 4. 下压手柄，并快速推至位置Ⅱ，即可接合手柄。此时，冲动开关瞬时接通，电动机转动，带动变速齿轮转动，使齿轮啮合。随后，手柄继续向右至位置Ⅲ，并将其榫块送入固定环的槽 1 位置。电动机失电。主轴箱内齿轮停止转动 5. 由于电动机启动电流很大，最好不要频繁变速。即使需要变速，中间的间隔时间不少于 5 min。主轴未停止严禁变速	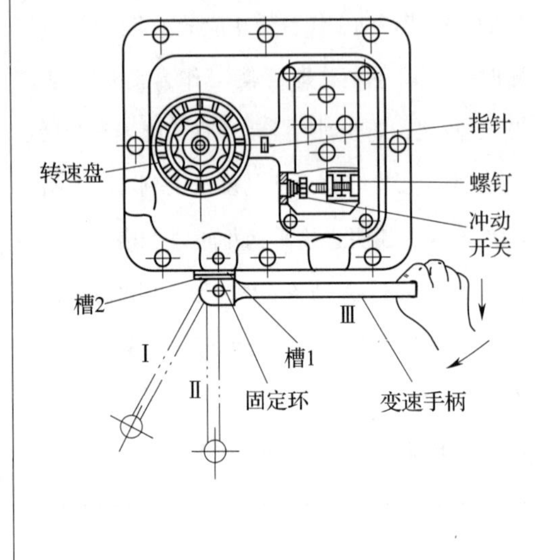

2）如果目前转速是 30 r/min，现需调整转速为 700 r/min，请叙述其操作过程。

（4）进给变速操作

1）阅读表 1—2—8，掌握进给变速的操作方法。

表 1—2—8　进给变速的操作方法

操作方法	图　示
1. 向外拉出进给变速手柄 2. 转动进给变速手柄，带动进给速度盘转动。将进给速度盘上选择好的进给速度的值对准指针位置 3. 将变速手柄推回原位，即可完成进给变速的操作	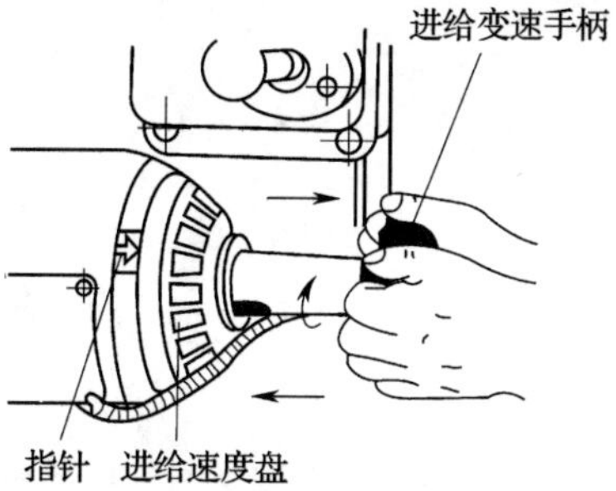 进给变速手柄 指针　进给速度盘

2）如果目前进给量是 30 mm/min，现需调整进给量为 235 mm/min，请叙述其操作过程。

（5）机动进给操作

1）阅读表 1—2—9，掌握工作台机动进给的操作方法。

表 1—2—9 机动进给的操作方法

操作方法	图示
纵向机动进给手柄有三个位置，即“向左进给”“向右进给”和“停止”。横向和垂直方向机动进给手柄有五个位置，即“向里进给”“向外进给”“向上进给”“向下进给”和“停止”。机动进给手柄的设置使操作非常形象化。当机动进给手柄与进给方向处于垂直状态时，机动进给是停止的。若机动进给手柄处于倾斜状态时，则该方向的机动进给被接通	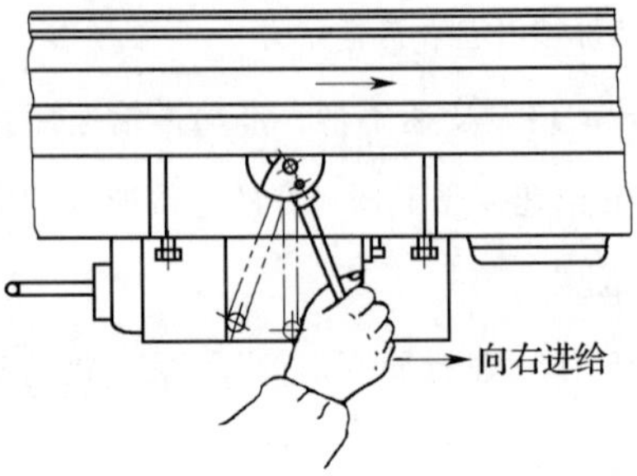 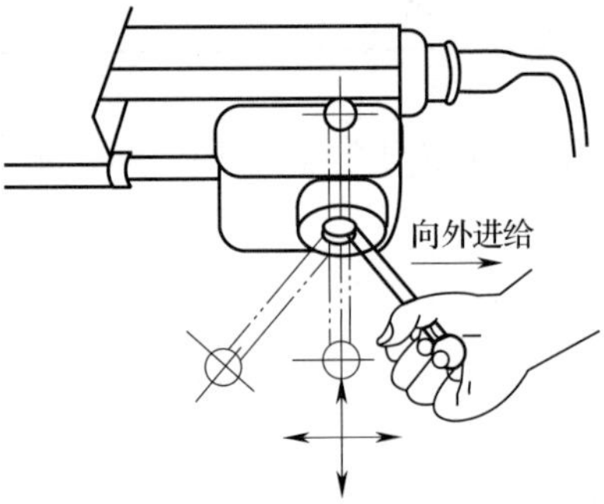 向右进给 向外进给

2）如果纵向进给手柄处于零位，现向左或向右进给，请叙述其操作过程。

3）如果横向和垂直进给手柄处于零位，现向前（上）或向后（下）进给，请叙述其操作过程。

4）在做各机动进给操作练习前，应做哪些检查工作?

2. 铣床操作练习

（1）操作前准备

你在开始操作前做好安全准备了吗？请对照表1—2—10进行安全自检，并将结果记录在表中。

表1—2—10　安全自检表

自检问题	记录
工作服穿好了吗?	是□　否□
手套及饰品都摘掉了吗?	是□　否□
穿的鞋子绝缘吗?	是□　否□
穿的鞋子是否防砸、防扎、防滑?	是□　否□
戴工作帽了吗?	是□　否□
女生把长发盘起并塞入工作帽内了吗?	是□　否□
知道停车的开关是哪个吗?	是□　否□
知道怎样切断铣床的电源吗?	是□　否□
知道铣床各手柄的作用吗?	是□　否□
知道怎样脱开各向移动操作手柄吗?	是□　否□

（2）操作练习

每人分别按表1—2—11的操作内容进行操作练习，由小组其他成员判断其操作正确性，并将结果记录在表中。

表1—2—11 铣床操作练习

操作内容	记录
认知铣床各润滑点位置，并对铣床注油润滑，按“启动”按钮，使主轴回转3～5 min，检查油窗是否甩油	正确□ 错误□
认知铣床电源开关、冷却泵开关，在低速的情况下对铣床进行“启动”和“停止”操作练习	正确□ 错误□
熟悉铣床各进给方向手柄的刻度盘。做各方向的手动操作练习，使工作台在纵向、横向和垂直方向分别移动4.5、8.3、4.6 mm 1）能掌握消除工作台丝杠和螺母之间传动间隙对移动尺寸的影响的方法 2）熟练均匀地进行手动进给速度控制练习，每分钟均匀地手动进给30、60、90 mm（即纵向、横向手动进给手柄均匀地摇动5、10、15圈/min）	正确□ 错误□
熟悉铣床主轴变速机构的组成。做主轴变速操作练习1～3次，控制在低速，如30、75、150 r/min	正确□ 错误□
熟悉铣床进给变速机构的组成。做进给变速操作练习1～3次，控制在低速，如23.5、60、150 mm/min	正确□ 错误□
熟悉铣床各机动进给操作位置。按“启动”按钮，使主轴回转，使工作台在低速状态下分别作纵向、横向、垂直方向的机动进给，停止工作台进给，再停止主轴回转	正确□ 错误□

（3）整理工作

关闭机床，清理机床、场地，按表1—2—12要求进行自检，并将结果记录在表中。

表 1—2—12　　整理自检表

自 检 问 题	记录
各机动进给手柄是否置于空挡位置	是□　否□
各方向进给紧固手柄是否松开	是□　否□
工作台是否处于各方向进给的中间位置	是□　否□
导轨面是否涂润滑油	是□　否□
是否认真擦拭机床	是□　否□
是否认真擦拭工具、量具和其他辅具，使各物件归位	是□　否□
是否清扫工作场地	是□　否□
是否关闭电源	是□　否□

三、铣刀的装卸

1. 熟悉铣刀的装卸步骤

（1）带孔铣刀的装卸

1）装卸铣刀时需要使用铣刀刀轴，请叙述常用的铣刀刀轴直径（光轴直径）有几种规格。

2）识读图 1—2—6，请写出铣刀刀轴各组成部分的名称。

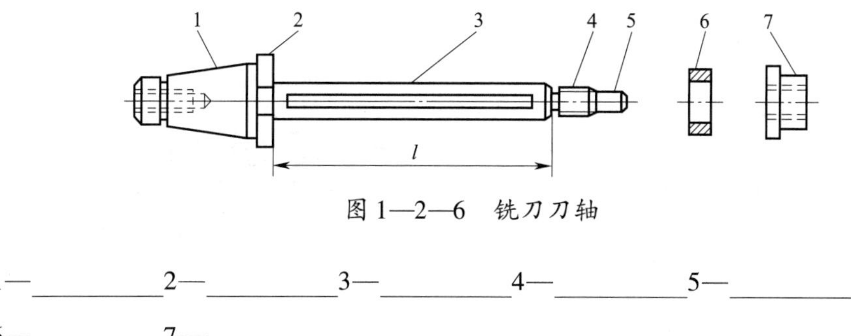

图 1—2—6　铣刀刀轴

1—__________ 2—__________ 3—__________ 4—__________ 5—__________

6—__________ 7—__________

3）阅读表 1—2—13 带孔铣刀的装卸步骤，填写相关内容。

表 1—2—13 带孔铣刀的装卸步骤

步骤	操作要点	图 示
主轴的安装	（1）根据铣刀刀孔孔径选择相应直径的________ （2）安装刀轴前，应擦净铣床____________________和铣刀刀轴的________。右手将刀轴的锥柄装入主轴锥孔中（安装时刀轴凸缘上的直角沟槽应________主轴前端的凸键）（图 a） （3）左手顺时针（由主轴后端观察）转动主轴孔中的拉紧螺杆，使拉紧螺杆______的螺母部分旋入刀轴的螺孔 6～7r（图 b） （4）用扳手旋紧________螺母，将________拉紧在主轴锥孔内（图 c）	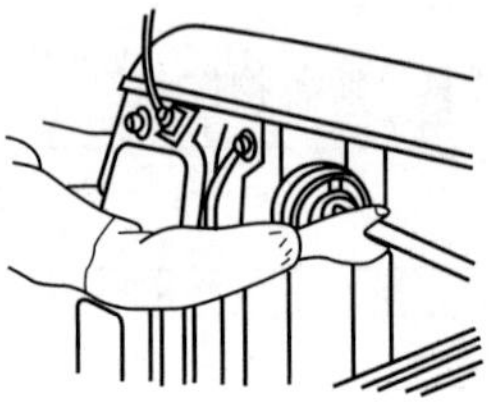 a） 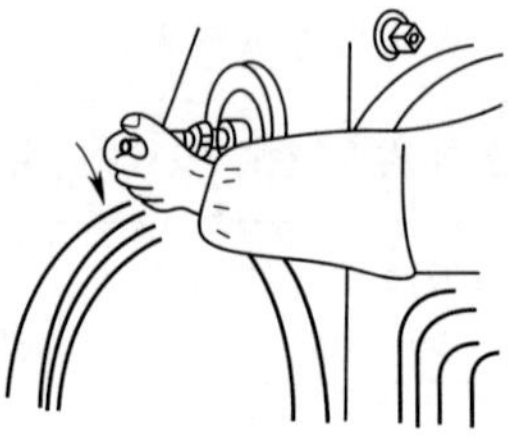 b） 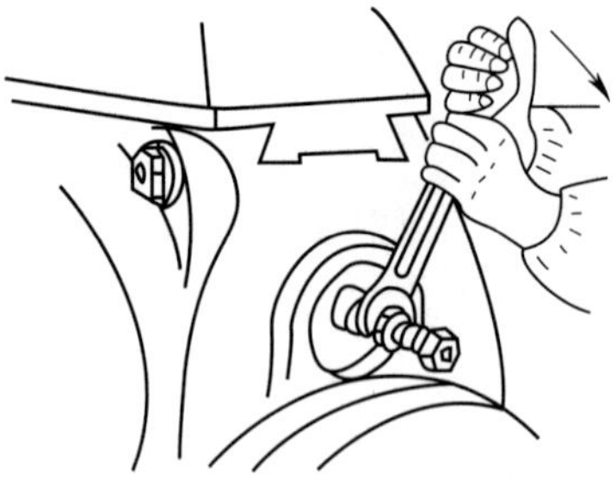 c）
横梁的调整	松开横梁的紧固螺母，调整____________伸出长度	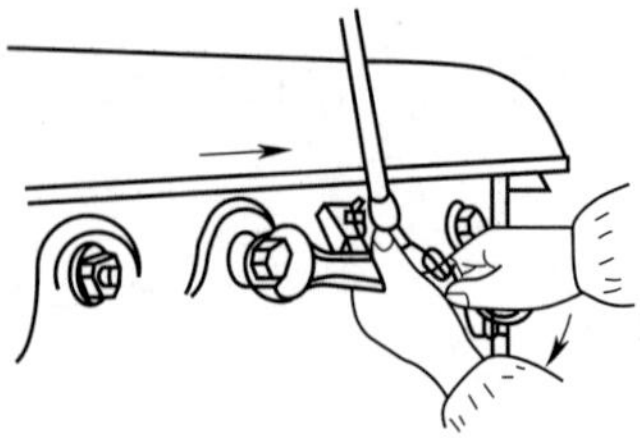

续表

步骤	操作要点	图　示
铣刀的安装	（1）安装垫圈和铣刀。根据加工情况确定铣刀在刀轴上的________位置，装上垫圈和铣刀，旋紧紧刀螺母。安装时应注意刀轴________必须留出足够的长度以供支架轴承孔配合（图 a） （2）安装挂架。将挂架轴颈孔与刀轴配合________擦干净，并注入适量的润滑油和调整挂架轴套，再将挂架装在横梁导轨上（图 b） （3）用扳手调整挂架轴套与刀轴支承轴颈的________（使用小挂架时用呆扳手调整，使用大挂架时用开槽圆螺母扳手调整）（图 c） （4）紧固挂架（图 d） （5）旋紧紧刀螺母，通过垫圈将________夹紧在刀轴上（图 e）	 a) 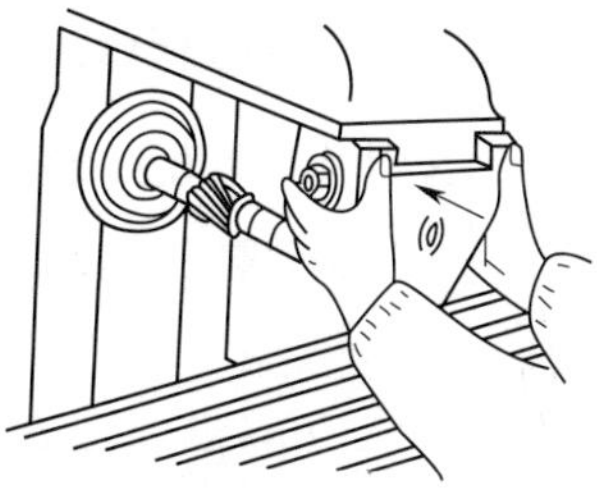　b) 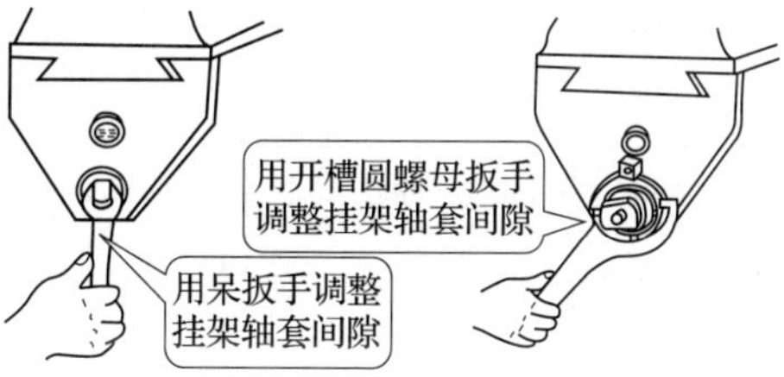 用开槽圆螺母扳手调整挂架轴套间隙 用呆扳手调整挂架轴套间隙 c) 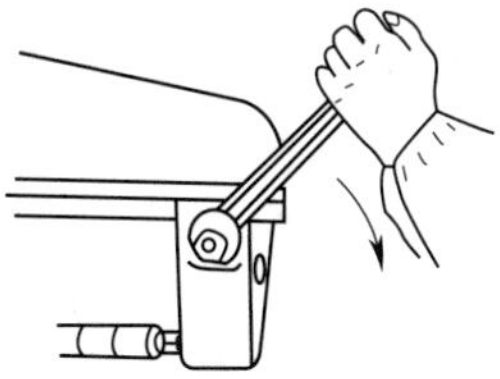 d) 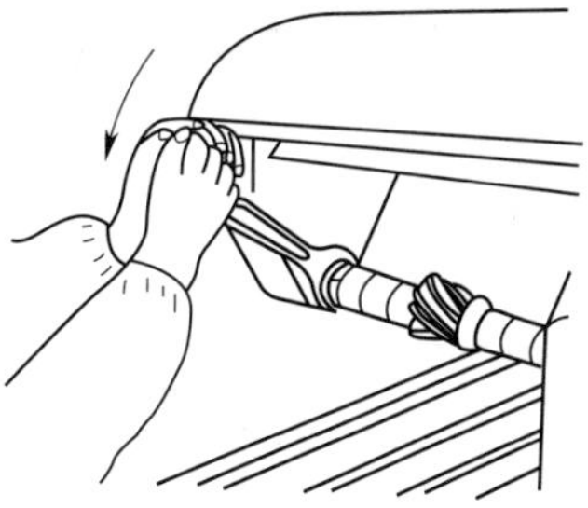　e)

续表

步骤	操作要点	图　示
铣刀的拆卸	（1）将主轴转速调至最低（30 r/min）或将主轴______。用扳手________旋转刀轴紧刀螺母，松开铣刀（图 a） （2）调节挂架轴套，然后松开并取下挂架。按________松开紧刀螺母，取下垫圈和铣刀（图 b） （3）从主轴后端观察，用扳手按逆时针方向旋松拉紧螺杆的________螺母（图 c） （4）用________轻击拉紧螺杆的端部，再用左手______拉紧螺杆，右手握刀轴，取下刀轴（图 d）	a)　b)　c)　d)

（2）内孔带键槽套式铣刀的装卸

如图 1—2—7 所示，填写内孔带键槽套式铣刀各组成部分的名称，并叙述其安装及拆卸过程。

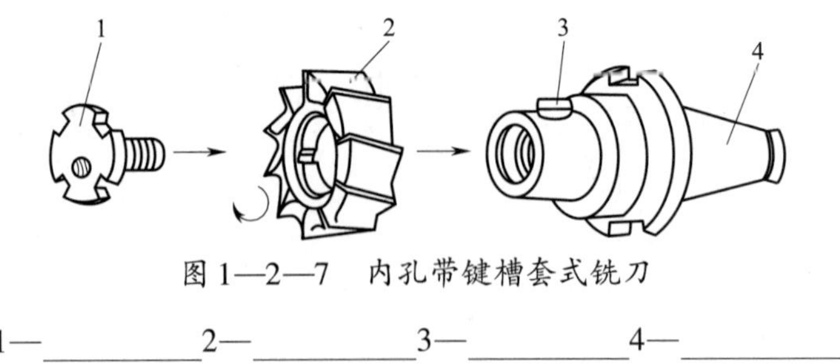

图 1—2—7　内孔带键槽套式铣刀

1—__________2—__________3—__________4—__________

（3）端面带槽套式铣刀的装卸

如图1—2—8所示，填写端面带槽套式铣刀各组成部分的名称，并叙述其安装及拆卸过程。

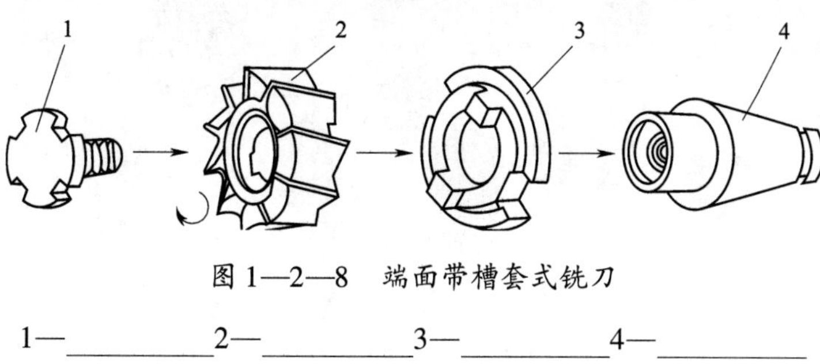

图1—2—8　端面带槽套式铣刀

1—__________2—__________3—__________4—__________

（4）用弹性夹头安装直柄铣刀

如图1—2—9所示，填写用弹性夹头安装直柄铣刀时各组成部分的名称，并叙述其安装过程。

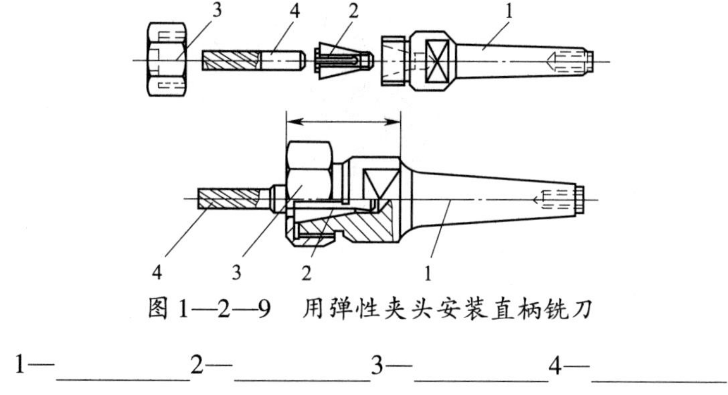

图1—2—9　用弹性夹头安装直柄铣刀

1—__________2—__________3—__________4—__________

（5）普通铣床快换夹头的装卸

请叙述如图 1—2—10 所示普通铣床快换夹头安装及拆卸过程。

图 1—2—10 普通铣床快换夹头

（6）如果现有一把三面刃铣刀，其规格为 80 mm × 10 mm × 27 mm，应选择直径为多少的铣刀刀轴?

2．铣刀装卸实训练习

（1）每人按表1—2—14进行铣刀装卸操作练习，由小组其他成员判断其操作正确性，并将结果记录在表中。

表1—2—14　　铣刀装卸操作练习

操作内容	记录
带孔铣刀的装卸	正确□　错误□
内孔带键槽套式铣刀的装卸	正确□　错误□
端面带槽套式铣刀的装卸	正确□　错误□
用弹性夹头安装直柄铣刀	正确□　错误□
普通铣床快换夹头的装卸	正确□　错误□

（2）将铣刀装卸中遇到的问题记录下来，并分析产生的原因。

学习活动3　总 结 评 价

学习目标

1. 能通过交流讨论等方式较全面规范地撰写总结，内容详实。

2. 能按分组情况，分别派代表展示工作成果，说明本次任务的完成情况，并作分析总结。

3. 能就本次任务中出现的问题提出改进措施。

4. 能对学习与工作进行反思，并能与他人开展良好合作，进行有效的沟通。

建议学时　2学时。

学习过程

一、个人、小组评价

在小组内每个人先对任务完成情况进行评价总结，再由小组推荐代表向全班作小组总结。评价完成后，根据其他组成员对本组的评价意见进行归纳总结，完成自评总结的撰写。

自评总结（心得体会）

二、教师评价

教师对各小组任务完成情况分别作评价。

（1）找出各组的优点进行点评。

（2）对任务完成过程中各组的缺点进行点评，提出改进方法。

（3）对整个任务完成中出现的亮点和不足进行点评。

学习任务一评价表

班级：__________　　姓名：__________　　学号：________

<table>
<tr><th rowspan="3">项目</th><th colspan="3">自我评价</th><th colspan="3">小组评价</th><th colspan="3">教师评价</th></tr>
<tr><th>10～9</th><th>8～6</th><th>5～1</th><th>10～9</th><th>8～6</th><th>5～1</th><th>10～9</th><th>8～6</th><th>5～1</th></tr>
<tr><th colspan="3">占总评 10%</th><th colspan="3">占总评 30%</th><th colspan="3">占总评 60%</th></tr>
<tr><td>学习活动 1</td><td></td><td></td><td></td><td></td><td></td><td></td><td></td><td></td><td></td></tr>
<tr><td>学习活动 2</td><td></td><td></td><td></td><td></td><td></td><td></td><td></td><td></td><td></td></tr>
<tr><td>学习活动 3</td><td></td><td></td><td></td><td></td><td></td><td></td><td></td><td></td><td></td></tr>
<tr><td>协作精神</td><td></td><td></td><td></td><td></td><td></td><td></td><td></td><td></td><td></td></tr>
<tr><td>纪律观念</td><td></td><td></td><td></td><td></td><td></td><td></td><td></td><td></td><td></td></tr>
<tr><td>表达能力</td><td></td><td></td><td></td><td></td><td></td><td></td><td></td><td></td><td></td></tr>
<tr><td>工作态度</td><td></td><td></td><td></td><td></td><td></td><td></td><td></td><td></td><td></td></tr>
<tr><td>任务总体表现</td><td></td><td></td><td></td><td></td><td></td><td></td><td></td><td></td><td></td></tr>
<tr><td>小计</td><td colspan="3"></td><td colspan="3"></td><td colspan="3"></td></tr>
<tr><td>总评</td><td colspan="9"></td></tr>
</table>

任课教师：________　　年　　月　　日

学习任务二　平行垫铁的铣削

学习目标

1. 能独立阅读生产任务单，明确工时、加工数量等要求，说出所加工零件的用途、功能和分类。

2. 能识读图样和工艺卡，明确加工技术要求和加工工艺。

3. 能叙述常用铣削方式、顺逆铣的概念、特征和使用场合，能判别加工过程中的铣削方式、顺逆铣，并合理使用。

4. 能应用刀具角度知识，说明圆柱铣刀和端铣刀角度参数的含义、表示方法及对切削性能的影响；能在刀具几何角度示意图中用规范的标识符号标注出相应角度，并在实物中判别其位置。

5. 能综合考虑零件材料、刀具材料、加工性质、机床特性等因素，查阅切削手册，确定切削三要素中的切削速度、进给量和切削深度，并能运用公式计算转速和进给量。

6. 能根据现场条件，查阅相关资料，确定符合加工技术要求的工、量、夹具及切削液。

7. 能按零件图样要求，测量毛坯外形尺寸，判断毛坯是否有足够的加工余量。

8. 能检查铣床功能完好情况，按操作规程进行加工前机床润滑、预热等准备工作。

9. 能规范使用常用铣床夹具，运用不同装夹方法，装夹工件并找正。

10. 能规范装夹刀具，确保刀具安全性，并根据加工要求，运用适当对刀方法，正确对刀。

11. 在加工过程中，能严格按照铣床操作规程操作铣床，按工步切削工件；根据切削状态调整切削用量，保证正常切削；适时检测，保证精度。

12. 能用通用量具对工件的平面度、垂直度、平行度进行检测，保证加工质量。

13. 能正确选择粗、精基准，使用平面铣刀或端铣刀对平行垫铁进行铣削加工。

14. 能在加工完毕后，按照图样要求进行自检。

15. 能按车间现场管理规定，正确放置零件。

16. 能按产品工艺流程和车间要求，进行产品交接并确认。

17. 能按车间规定，整理现场，保养机床。

18. 能按车间规定填写交接班记录。

19. 能按国家环保相关规定和车间要求，正确处置废油液等废弃物。

20. 能主动获取有效信息，展示工作成果，对学习与工作进行总结反思，能与他人合作，进行有效沟通。

建议学时

20 学时。

工作情境描述

企业加工零件时，为满足生产需要，保证零件的加工精度，需要制作 50 副（100 件）垫铁。生产主管部门将图样交予我车间，材料由企业材料库提供，要求在 5 天内完成加工任务。现车间安排我铣工组完成此加工任务。

工作流程与活动

1. 领取工作任务，明确加工内容（4 学时）
2. 制定平行垫铁的加工工艺（4 学时）
3. 平行垫铁的加工（8 学时）
4. 平行垫铁的测量及误差分析（2 学时）
5. 总结评价（2 学时）

学习活动1　领取工作任务，明确加工内容

学习目标

1. 能独立阅读生产任务单，明确工时、加工数量等要求，说出所加工零件的用途、功能和分类。

2. 能识读图样和工艺卡，明确加工技术要求和加工工艺。

3. 能应用刀具角度知识，说明圆柱铣刀和端铣刀角度参数的含义、表示方法及对切削性能的影响；能在刀具几何角度示意图中用规范的标识符号标注出相应角度，并在实物中判别其位置。

4. 能叙述平口钳的安装、校正和装夹工件的方法。

5. 能根据现场条件，查阅相关资料，确定符合加工技术要求的工、量、夹具。

建议学时　4学时。

学习过程

领取平行垫铁的生产任务单、零件图样、工艺卡，明确本次加工任务的内容。

一、阅读生产任务单（表2—1—1）

表2—1—1　生产任务单

需方单位名称				完成日期	年　月　日
序号	产品名称	材料	数量	技术标准、质量要求	
1	平行垫铁	45钢	100件	按图样要求	
2					

续表

序号	产品名称	材料	数量	技术标准、质量要求		
3						
4						
生产批准时间		年　月　日	批准人			
通知任务时间		年　月　日	发单人			
接单时间		年　月　日	接单人		生产班组	铣工组

1. 本生产任务要加工零件的材料是什么？属于什么钢？

2. 本生产任务要加工零件的数量是多少？属于什么生产类型？

3. 本生产任务加工周期为 5 天，你准备如何分配任务完成零件的加工？

4．图 2—1—1 所示是一些常用的平行垫铁零件，请查阅资料，写出平行垫铁常用哪些材料制造，适用于哪些场合。

图 2—1—1　平行垫铁零件

二、分析零件图（图 2—1—2）

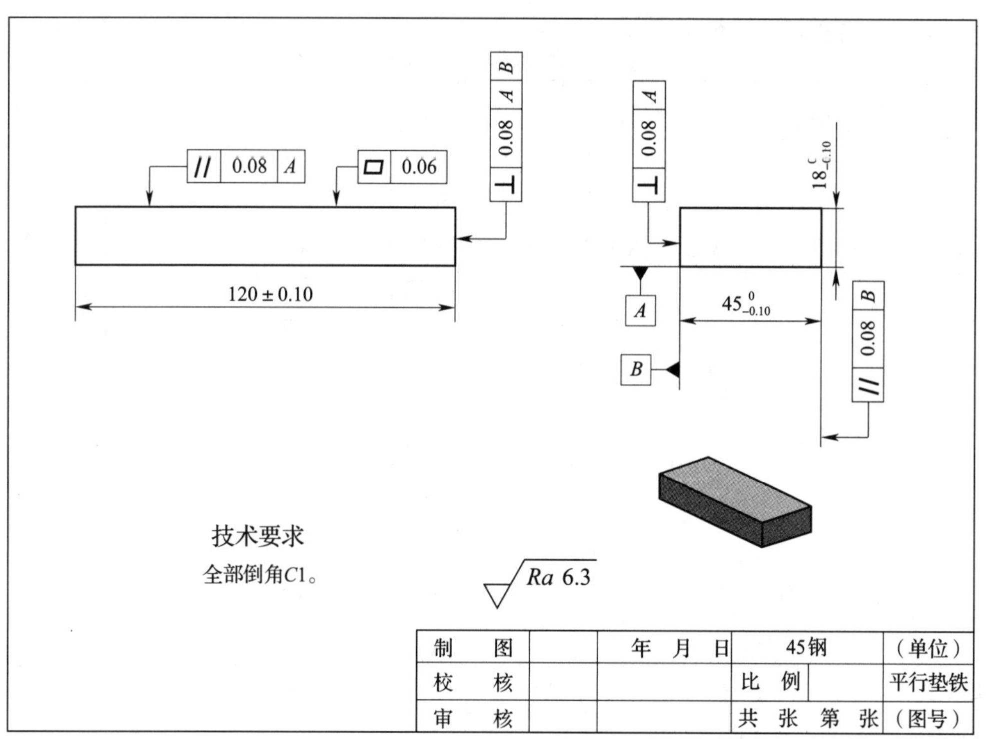

图 2—1—2　平行垫铁零件图

1. 写出平行垫铁的长、宽、高外形尺寸及公差。

2. 写出图样中以下几何公差的含义。

| ⊥ | 0.08 | A |：

| // | 0.08 | A |：

| ▱ | 0.06 |：

| ⊥ | 0.08 | A | B |：

三、识读工艺卡（表2—1—2）

表2—1—2　　平行垫铁加工工艺卡

<table>
<tr><td rowspan="2">单位名称</td><td rowspan="2"></td><td colspan="2">产品名称</td><td colspan="2">平行垫铁</td><td colspan="2">图号</td><td>2—1—2</td></tr>
<tr><td colspan="2">零件名称</td><td colspan="2">平行垫铁</td><td>数量</td><td>1</td><td>第1页</td></tr>
<tr><td>材料种类</td><td>棒料</td><td>材料牌号</td><td>45钢</td><td colspan="2">毛坯尺寸</td><td colspan="2">ϕ55 mm×125 mm</td><td>共1页</td></tr>
<tr><td rowspan="2">工序号</td><td rowspan="2">工序内容</td><td rowspan="2">车间</td><td rowspan="2">设备</td><td colspan="3">工具</td><td rowspan="2">计划工时</td><td rowspan="2">实际工时</td></tr>
<tr><td>夹具</td><td>量具</td><td>刃具</td></tr>
<tr><td>1</td><td>毛坯下料</td><td>准备</td><td>锯床</td><td>平口钳</td><td>钢直尺</td><td>锯条</td><td></td><td></td></tr>
<tr><td>2</td><td>粗铣六面体</td><td>铣工</td><td>X5032</td><td>平口钳</td><td>游标卡尺、
90°角尺、
塞尺</td><td>端铣刀</td><td></td><td></td></tr>
<tr><td>3</td><td>精铣六面体</td><td>铣工</td><td>X5032</td><td>平口钳</td><td>游标卡尺、
90°角尺、
塞尺</td><td>端铣刀</td><td></td><td></td></tr>
<tr><td>4</td><td>调质</td><td>热处理</td><td>盐浴炉</td><td></td><td>硬度仪</td><td></td><td></td><td></td></tr>
<tr><td>5</td><td>磨削六面体</td><td>磨工</td><td>M7130</td><td>平口钳</td><td>千分尺、
90°角尺、
塞尺</td><td>砂轮</td><td></td><td></td></tr>
<tr><td>更改号</td><td></td><td>拟定</td><td colspan="2">校正</td><td colspan="2">审核</td><td colspan="2">批准</td></tr>
<tr><td>更改者</td><td></td><td></td><td colspan="2"></td><td colspan="2"></td><td colspan="2"></td></tr>
<tr><td>日期</td><td></td><td></td><td colspan="2"></td><td colspan="2"></td><td colspan="2"></td></tr>
</table>

1. 工序是指同一个（或一组）工人，在同一台机床（或同一场所），对同一个（或同时对几个）工件所连续完成的那一部分工艺过程。在平行垫铁的加工中，需要在铣床上完成的是哪几个工序?

2. 从工艺卡中可以看出，平行垫铁使用端铣刀（也可使用圆柱铣刀）进行加工。查阅资料，回答以下问题，掌握端铣刀和圆柱铣刀的基本知识，然后确定本次加工所用铣刀的规格。

（1）铣刀是多刃刀具，每一个刀齿相当于一把简单的刀具（切刀）。识读如图 2—1—3 所示切刀切削时各部分的名称和几何角度，并填写表 2—1—3。

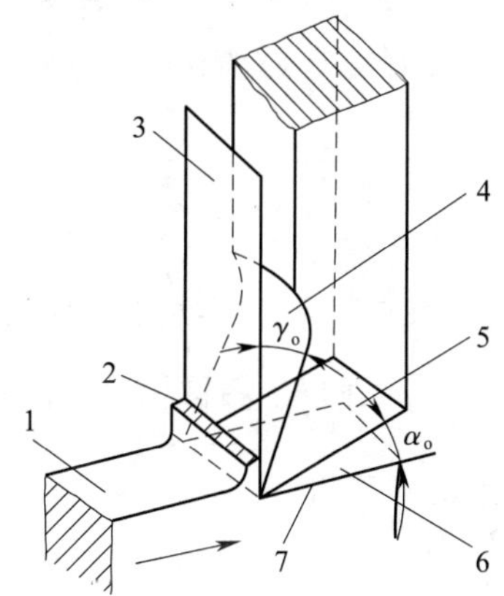

图 2—1—3　切刀切削时各部分的名称和几何角度

表 2—1—3　　切刀切削时各部分的名称和几何角度

序号	名称	含　义
1		
2		
3		
4		
5		
6		
7		
8	前角 γ_o	
9	后角 α_o	

（2）圆柱铣刀可以看成由几把切刀均匀分布在圆周上而形成，如图 2—1—4 所示，请填写其组成部分。

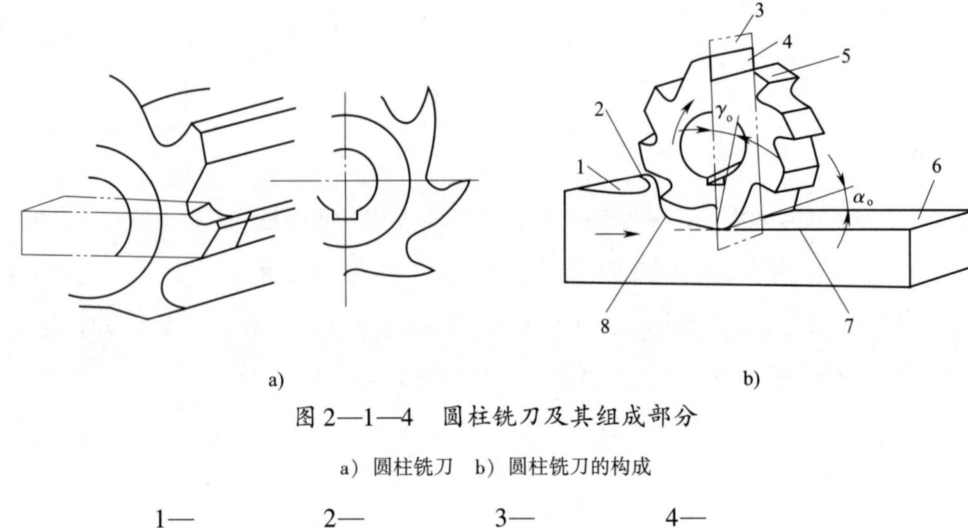

图 2—1—4　圆柱铣刀及其组成部分

a）圆柱铣刀　b）圆柱铣刀的构成

1—__________ 2—__________ 3—__________ 4—__________

5—__________ 6—__________ 7—__________ 8—__________

（3）端铣刀可以看成由几把外圆车刀平行于铣刀轴线沿圆周均匀分布在刀体上而形成，如图 2—1—5 所示，写出端铣刀各刀具角度的名称和含义，填在表 2—1—4 中。

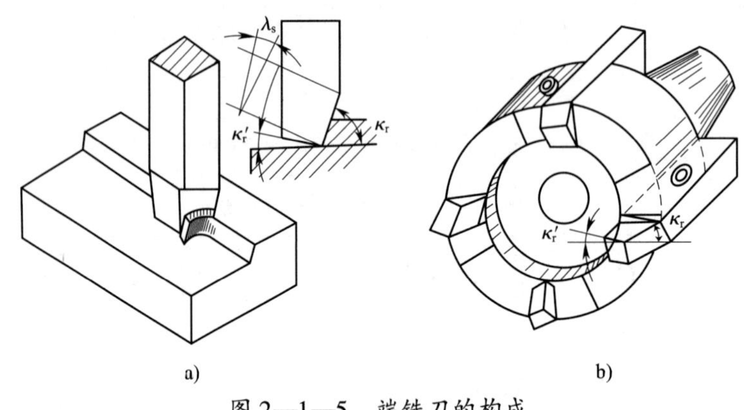

图 2—1—5　端铣刀的构成

a）切削情况　b）铣刀的构成

表 2—1—4　　端铣刀刀具角度的名称和含义

符号	名称	含　义
κ_r		
κ_r'		
λ_s		

（4）选择铣刀时，圆柱铣刀的宽度、端铣刀的直径最少应大于工件最大宽度 3 ~5 mm。查阅资料，确定加工本零件时所用铣刀的规格。

3．从工艺卡中可以看出，平行垫铁在加工时用平口钳进行装夹。查阅资料，回答以下问题，掌握用平口钳装夹工件的基本知识，然后确定加工本零件时所用平口钳的规格。

（1）填写平口钳（图 2—1—6）各组成部分的名称。

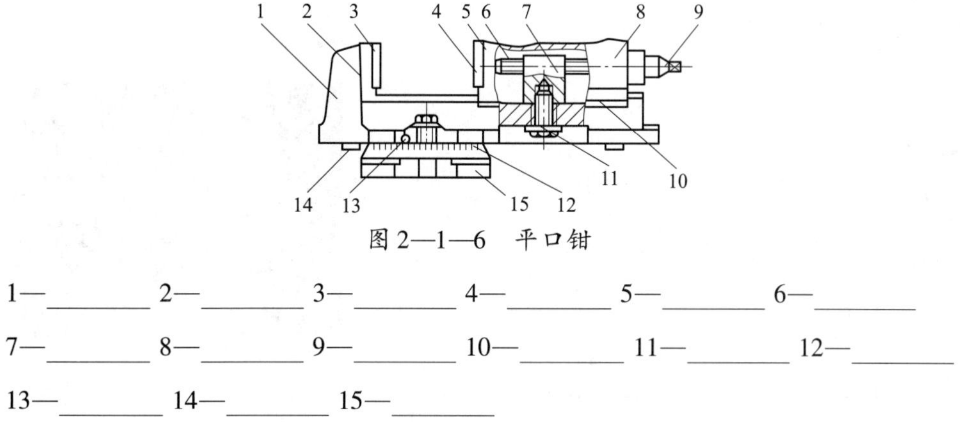

图 2—1—6　平口钳

1—________ 2—________ 3—________ 4—________ 5—________ 6—________

7—________ 8—________ 9—________ 10—________ 11—________ 12—________

13—________ 14—________ 15—________

（2）阅读表 2—1—5 平口钳的安装方法，填写相关内容。

表 2—1—5　　平口钳的安装方法

步骤	操作要点	图示
清理工作台	如图 a 所示，首先对工作台上 T 形槽内的脏物用____进行清理，然后如图 b 所示，用干净的____对工作台面进行擦拭清理，直至达到要求，如图 c 所示	a) b)

续表

步骤	操作要点	图示
清理工作台		 c)
擦拭平口钳底座	用干净的棉布对平口钳的底座进行____清理，底座如有毛刺用锉刀进行清理	
安装平口钳	平口钳一般安装在工作台靠____的位置，以便于操作	
紧固平口钳	在紧固平口钳时平口钳两侧的螺栓应____旋紧	

（3）平口钳安装后，应对平口钳的固定钳口进行校正。阅读表 2—1—6 平口钳的校正方法，填写相关内容。

表 2—1—6　　平口钳的校正方法

方法	操作要点	图示	适用场合
用划针校正	用划针校正固定钳口与铣床主轴轴线垂直的方法：将划针夹持在______垫圈间，调整工作台的位置，使划针______固定钳口平面，然后移动工作台，观察并调整钳口平面与划针针尖的距离，使之在钳口全长范围内一致	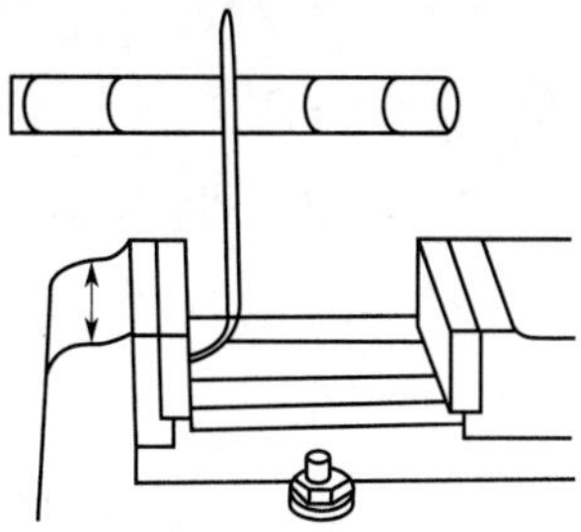	校正精度较低的场合
用90°角尺校正	用 90°角尺校正固定钳口与铣床主轴轴线平行的方法：在校正时，先____底座紧固螺钉，使固定钳口平面与主轴轴线大致____，再将 90°角尺的尺座底面紧靠在床身的垂直导轨上，调整钳体，使固定钳口平面与 90°角尺的外测量面密合（用____检测），然后紧固钳体。为避免紧固钳体时钳口发生偏转，紧固钳体后须再____一次	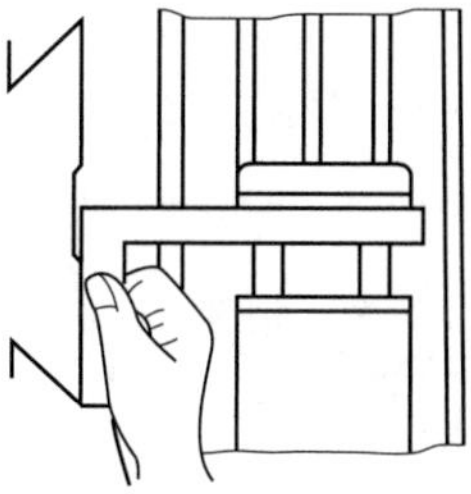	校正精度中等的场合
用百分表校正	用百分表校正固定钳口与铣床主轴轴线垂直或平行的方法：校正时将磁力表座____在铣床横梁导轨上或铣床垂直导轨上，安装百分表，使测量杆与固定钳口平面大致____或____，再使测量头____到钳口平面，将测量杆压缩量调整到____mm 左右，然后移动工作台，在钳口平面全长范围内，百分表的读数差值在规定的范围内即可	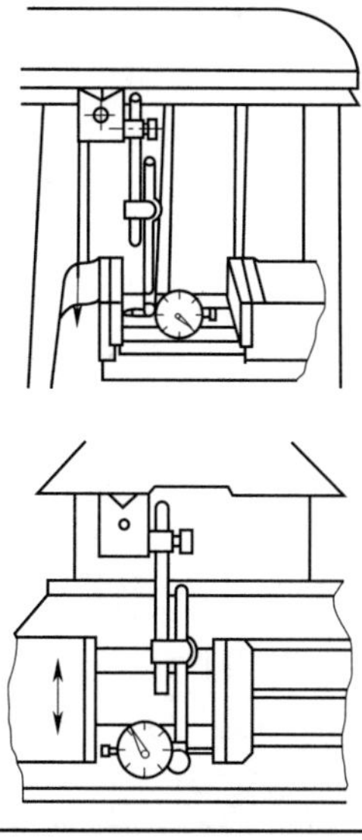	校正精度较高的场合

（4）阅读表 2—1—7 用平口钳装夹工件的方法，填写相关内容。

表 2—1—7 用平口钳装夹工件的方法

方法	操作要点	图示
加垫铜皮	装夹毛坯时，应选择大面____的面与固定钳口平面贴合，为防止损伤钳口和装夹不牢，最好在钳口和工件之间垫放铜皮，毛坯件的上面要用划针进行校正，使之与工作台台面尽量____。校正时，工件不宜夹得____	
加垫圆棒	为使工件的基准面与固定钳口平面密合，保证加工质量，在装夹时，应在活动钳口与工件之间放置一根圆棒。圆棒要与钳口的上平面____，其位置大致在工件被夹持部分高度的____偏上	
加垫平行垫铁	为使工件的基准面与水平导轨面密合，保证加工质量，在工件与水平导轨面之间通常要放置平行垫铁，工件夹紧后，可用____或______轻敲工件上平面，同时用手试着移动平行垫铁，当垫铁不能移动时，表明垫铁与工件及水平导轨面____。敲击工件时，用力要适当且逐渐减小，若用力过____会因产生较____的反作用力而影响装夹效果	

小提示

用平口钳装夹工件的注意事项

(1) 安装平口钳时，应擦净钳座底面、工作台面；安装工件时，应擦净钳口平面、钳体导轨面及工件表面。

(2) 工件在平口钳上装夹时，放置的位置应适当，夹紧后钳口的受力应均匀。

(3) 工件在平口钳上装夹时，待铣去的余量层应高于钳口上平面，高出的高度以铣削时铣刀不接触钳口上平面为宜，如图 2—1—7 所示。

(4) 工件在平口钳上装夹，当工件较高或较薄时，为减少工件振动，提高加工质量，应在工件两侧加相应高度的垫铁，如图 2—1—8 所示。

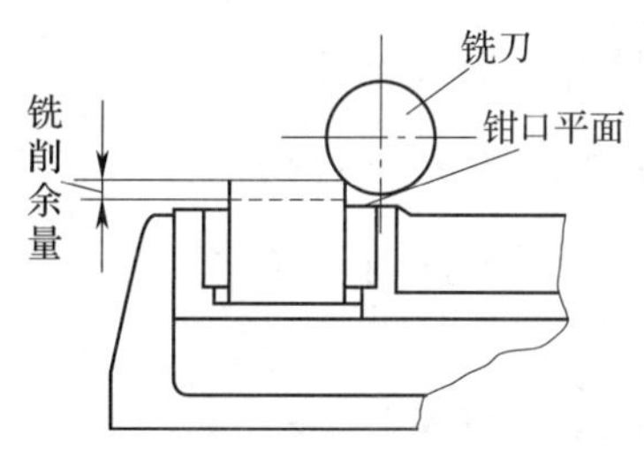

图 2—1—7　余量层应高于钳口平面

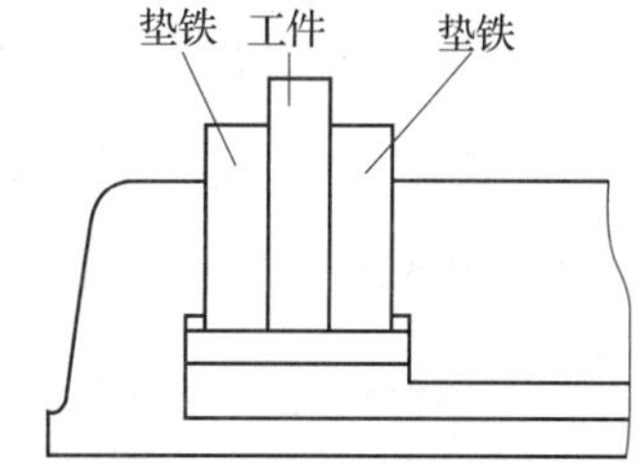

图 2—1—8　较薄（较高）工件的安装

(5) 用平行垫铁装夹工件时，所选择垫铁的平面度、平行度应符合要求，垫铁表面应具有一定的硬度。

(5) 平口钳的规格是按钳口宽度制定的。在选择平口钳时，钳口宽度应大于零件的长度。查阅资料，确定加工本零件时所用平口钳的规格。

学习活动2　制定平行垫铁的加工工艺

学习目标

1. 能叙述基准面的确定原则并正确选择基准面。

2. 能叙述常用铣削方式、顺逆铣的概念、特征和使用场合，能判别加工过程中铣削方式、顺逆铣，并合理使用。

3. 能叙述铣削平面的方法，制定平行垫铁的加工步骤。

4. 能综合考虑零件材料、刀具材料、加工性质、机床特性等因素，查阅切削手册，确定切削三要素中的切削速度、进给量和切削深度，并能运用公式计算转速和进给量。

建议学时　4学时。

学习过程

一、制定加工步骤

（一）平行垫铁的粗加工

1. 粗加工的目的是什么？

2. 从表 2—1—2 工艺卡中可以看出，毛坯的尺寸为 $\phi 55$ mm × 125 mm，由于平行垫铁粗铣后还要进行精铣，外形尺寸应留多少精铣余量？长度方向是否需要进行粗加工？

3. 平行垫铁的加工属于平面铣削，可采用端铣加工方式，端铣是利用分布在铣刀端面上的刀刃进行铣削并形成平面的。指出图 2—2—1 中两张图有哪些不同。

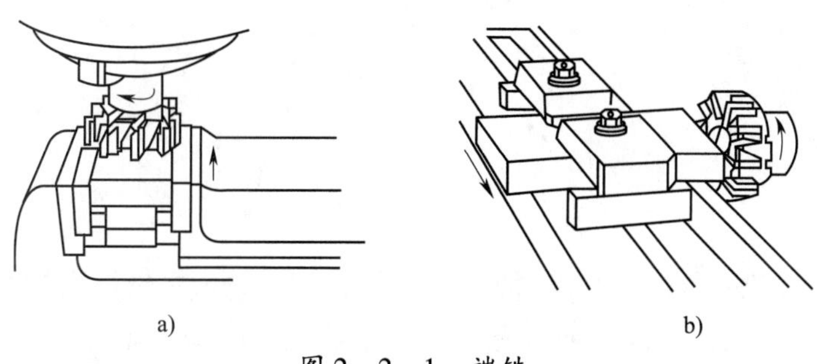

a)　　b)

图 2—2—1　端铣

4. 平面铣削还可以采用圆周铣加工方式，圆周铣是利用分布在铣刀圆柱面上的刀刃进行铣削加工并形成平面的。结合图2—2—2，对比圆周铣与端铣的不同之处。

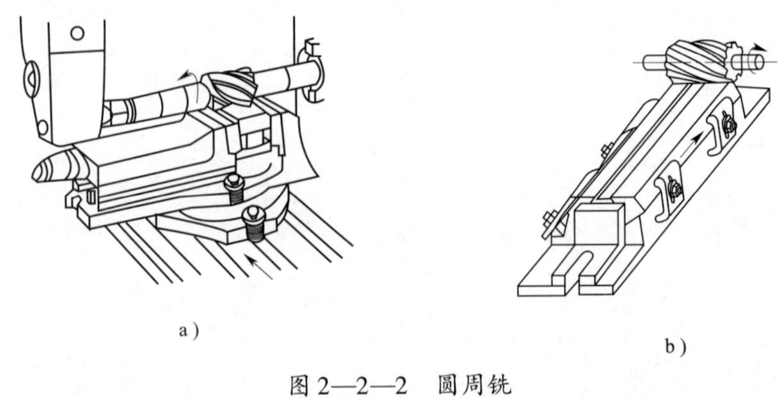

a）　　b）

图2—2—2　圆周铣

5. 用端铣刀铣削平面时，其平面度大小主要取决于铣床主轴轴线与进给方向的垂直度。参考图2—2—3，如主轴轴线与进给方向不垂直，会出现什么现象？

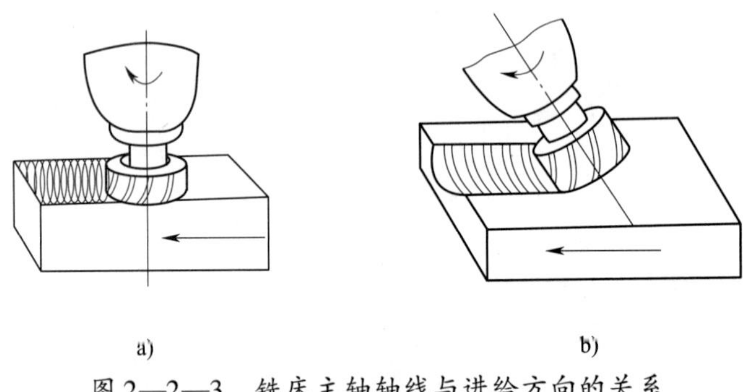

a)　　b)

图2—2—3　铣床主轴轴线与进给方向的关系

6. 如果出现题5中的问题，应对铣床主轴轴线进行校正。阅读表2—2—1铣床主轴轴线与进给方向垂直度的校正方法，填写操作要点。

表2—2—1　铣床主轴轴线与进给方向垂直度的校正方法

方法	操作要点	图示
用90°角尺和锥度心轴校正立铣头主轴轴线与工作台台面的垂直度		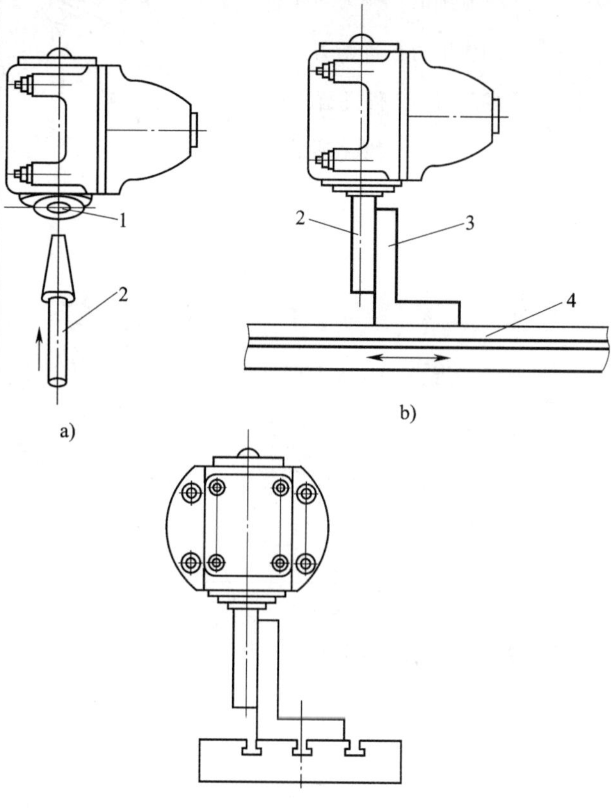 1　2　a)　2　3　4　b)　c)　1—立铣头主轴　2—锥度心轴　3—90°角尺　4—工作台
用百分表校正立铣头主轴轴线与工作台台面的垂直度		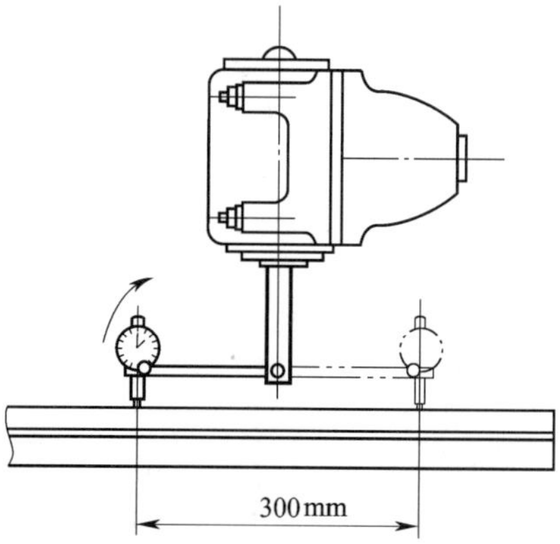 300mm

7．铣削平面时，经常会使用顺铣和逆铣两种铣削方式，阅读表 2—2—2，填写相关内容。

表 2—2—2　　顺铣和逆铣的比较

方式	定义		优缺点
顺铣	铣削时，铣刀对工件的作用力在进给方向上的分力与工件进给方向________的铣削方式	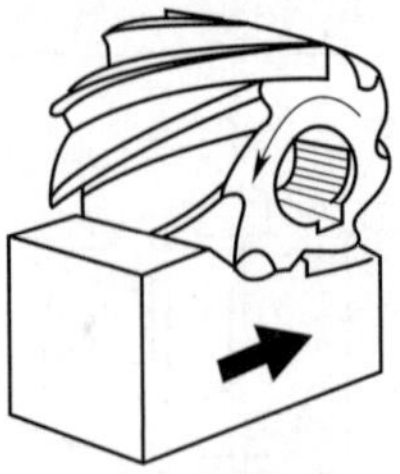	顺铣时刀齿每次都是从工件外表面切入金属材料，所以不宜用来加工________的工件
逆铣	铣削时，铣刀对工件的作用力在进给方向上的分力与工件进给方向________的铣削方式	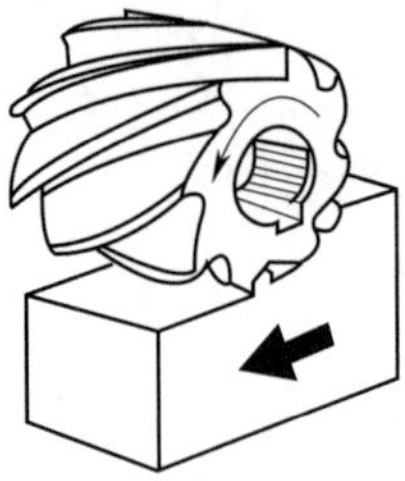	逆铣时，铣削力的纵向分力的方向与进给力方向________，使丝杠与螺母能始终保持在螺纹的一个侧面接触，工作台不会________。故生产中采用逆铣加工方式的比较多

8．本任务铣削平面应采用哪种铣削方式?

9．平面铣削质量不仅与铣削时所用机床、夹具和铣刀的质量有关，还与切削液的合理选用等因素有关。试叙述切削液的种类及在铣削加工中的作用。

10. 平行垫铁铣削加工时，若采用圆柱铣刀，根据工件材料、刀具材料等条件，切削液应该如何选用？若采用端铣刀，是否需要加切削液？

11. 阅读表 2—2—3 平行垫铁粗加工的步骤，填写相关内容。

表 2—2—3　　平行垫铁粗加工的步骤

加工步骤	操作要点	图示
面 1 的铣削	检测毛坯尺寸，将圆棒装夹在平口钳内，装夹工件应________平口钳上平面 2～3 mm。铣削时应能加工出基准面而不至于铣伤平口钳钳口__________	
面 2 的铣削	以面 1 为精基准靠向固定钳口并________。装夹工件时应________工件高出钳口的距离，并选择________的平行垫铁进行铣削加工	
面 3 的铣削	以面__为基准贴合固定钳口，装夹工件，装夹工件时应计算工件高出钳口的距离，并选择合适的平行垫铁进行铣削加工	
面 4 的铣削	面 1 靠向平行垫铁，面 2 靠向________钳口并________，装夹工件，装夹工件时应计算工件高出钳口的距离，并选择合适的平行垫铁进行铣削加工	

（二）平行垫铁的精加工

1. 铣削基准面

（1）请叙述基准面的确定原则。平行垫铁铣削加工时，依据图样应选择哪一个平面作为铣削的基准面?

（2）采用端铣刀精加工基准面（面 1）（图 2—2—4、图 2—2—5），在加工过程中是如何调整对刀和铣削的?

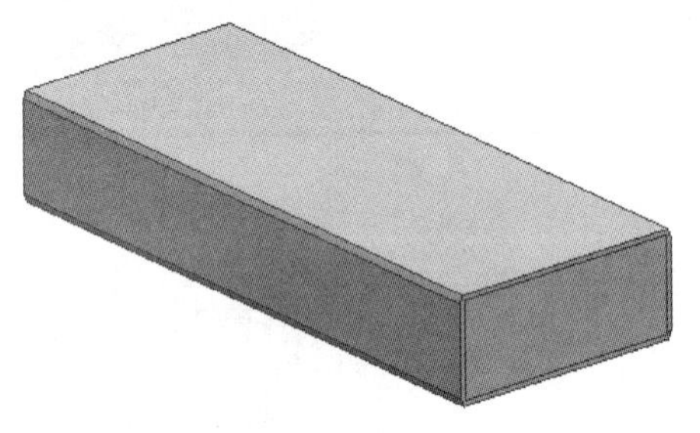

图 2—2—4 粗加工坯料

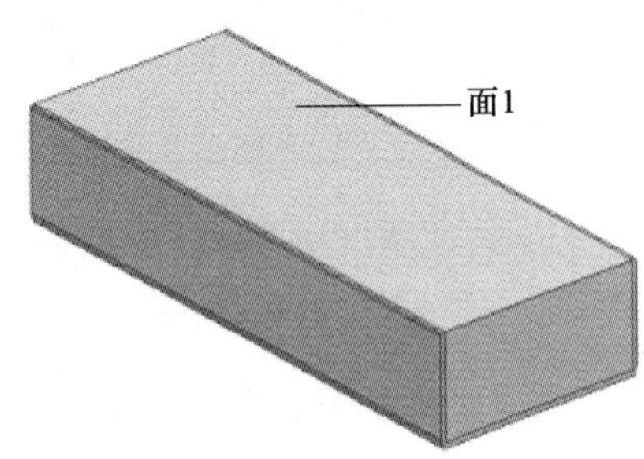

图 2—2—5 铣削基准面（面 1）

（3）看图 2—2—6，请阐述（2）题中基准面的测量过程。

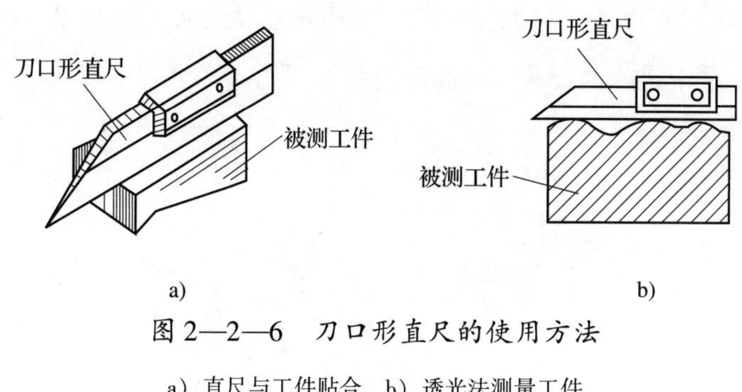

图 2—2—6　刀口形直尺的使用方法

a）直尺与工件贴合　b）透光法测量工件

（4）如果图样中平面度公差为 0.06 mm，实际测量值为 0.10 mm，请分析产生这种加工误差的原因。

2. 铣削垂直面

（1）基准面加工完毕后，其相邻的面2与其有垂直度要求（图2—2—7）。看图2—2—8，阐述面2在加工过程中是如何安装、调整对刀和铣削的。

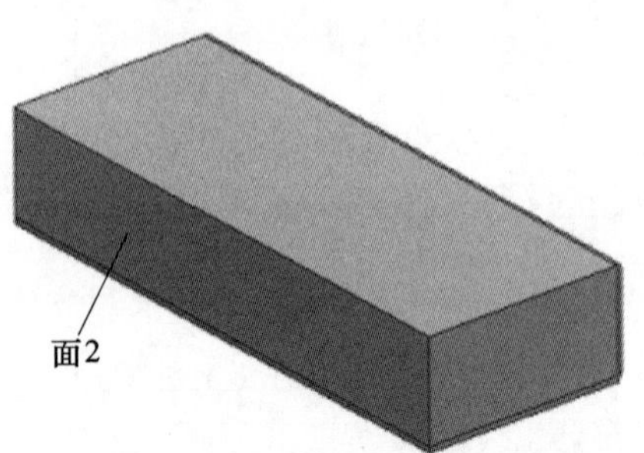

图2—2—7 铣削垂直面（面2）

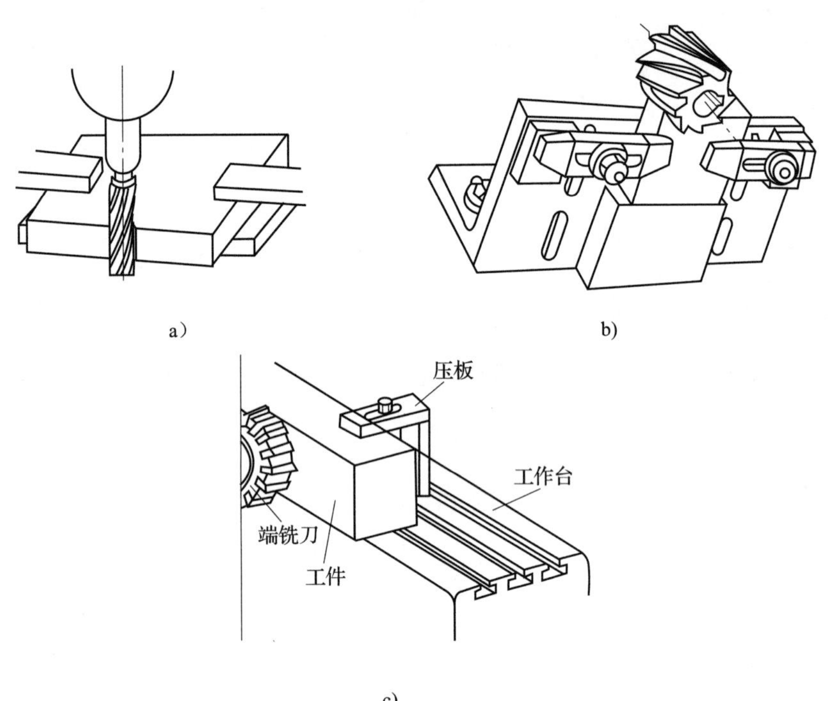

图2—2—8 用周铣、端铣铣削垂直面

（2）看图 2—2—9、图 2—2—10，阐述面 2 的测量过程。

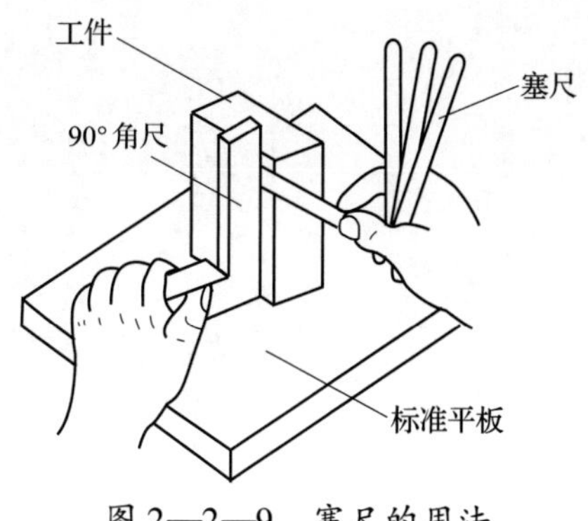

图 2—2—9　塞尺的用法

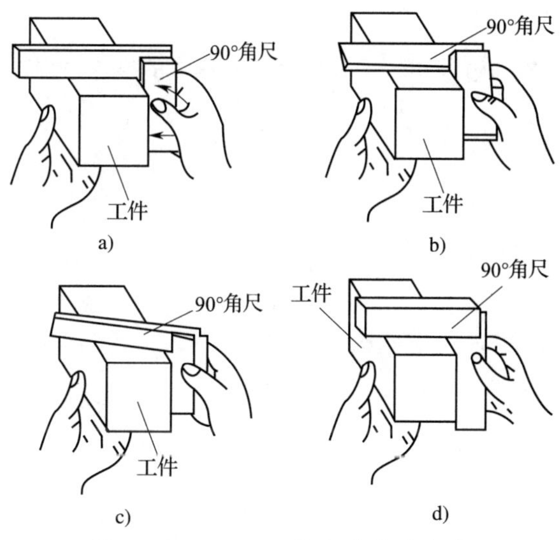

图 2—2—10　90°角尺的使用方法

a）正确　b）尺身前后歪斜　c）尺身左右歪斜　d）角尺倒置

（3）如果图样中垂直度公差为 0.08 mm，实际测量值为 0.12 mm，请分析产生这种加工误差的原因。

（4）请阐述在实际操作过程中修正垂直度误差具体的操作过程。

3. 铣削平行面

（1）图样上与面 1、面 2 相对的平面叫平行面（图 2—2—11）。平行面 3 在加工过程中是如何安装、调整对刀和铣削的?（图样上与面 1 平行的面 4 安装及铣削过程与面 3 相同）

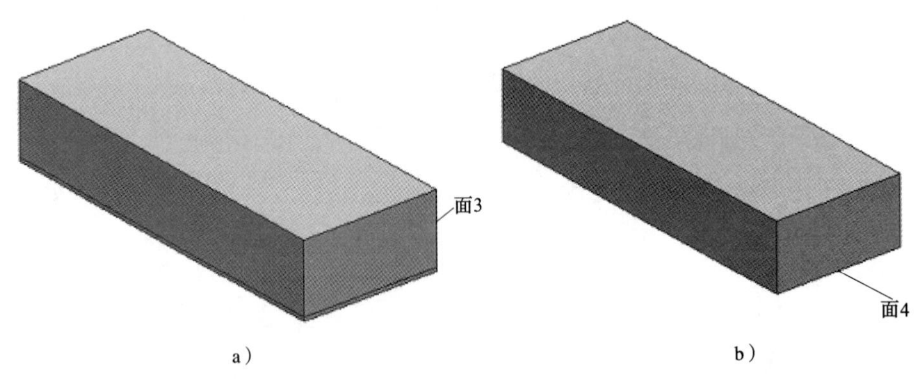

图 2—2—11 铣削平行面

a）铣削面 3 b）铣削面 4

（2）看图 2—2—12，阐述（1）题中的测量过程。

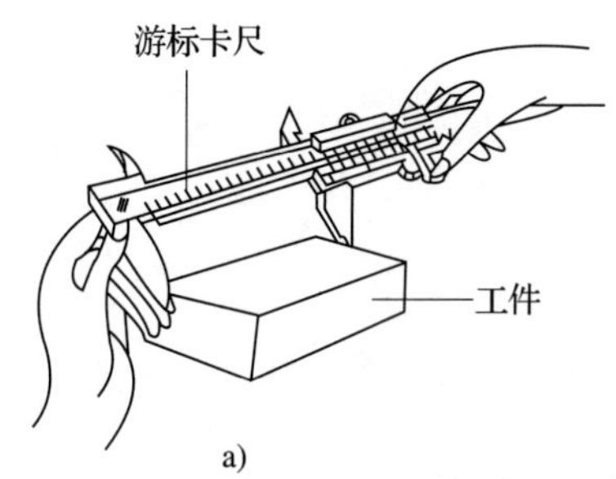

图 2—2—12　游标卡尺的使用方法

（3）如果图样中平行度公差为 0. 08 mm，实际测量值为 0. 12 mm，请分析产生这种加工误差的原因。

（4）请阐述在实际操作过程中修正平行度误差具体的操作过程。

（5）请阐述图样中尺寸 $45_{-0.10}^{\ 0}$ mm、$18_{-0.10}^{\ 0}$ mm 在铣削时是如何保证的。

（6）请阐述（5）题中的测量过程。

（7）如果图样中尺寸公差为 0.10 mm，实际测量值为 0.16 mm，请分析产生这种加工误差的原因。

（8）请阐述在实际操作过程中修正尺寸误差具体的操作过程。

4. 铣削两端面

（1）看图2—2—13、图2—2—14，请叙述面5的加工过程，以及图样中 | ⊥ | 0.08 | A | B | 在铣削过程中是如何保证的。

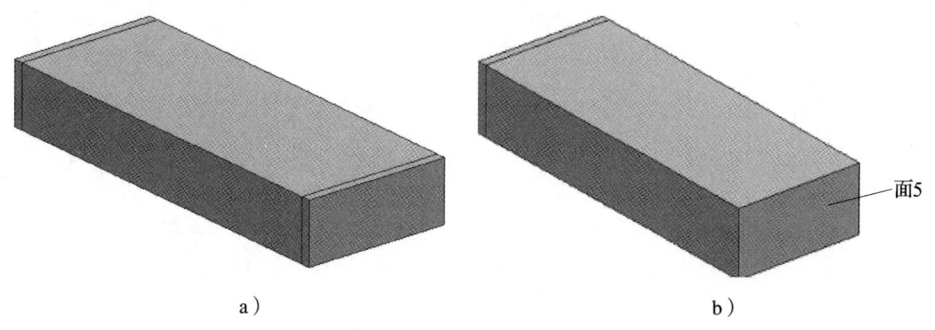

图2—2—13　铣削面5

a）两端毛坯余量　b）铣削面5

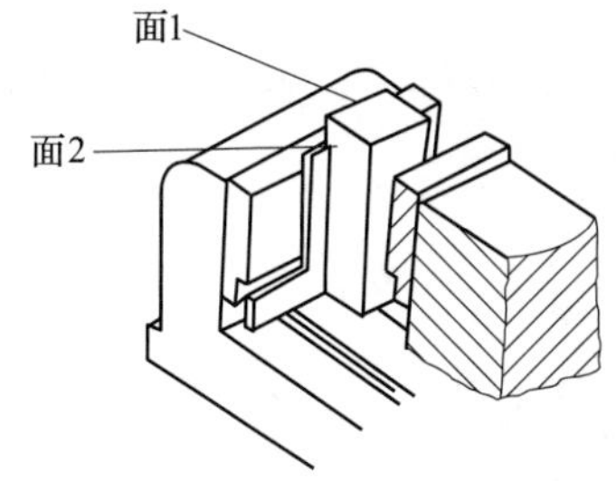

图2—2—14　六面体端面垂直度的校正

（2）请阐述（1）题中的测量过程。

（3）如果垂直度超差，请分析产生这种加工误差的原因。

（4）请阐述在实际操作过程中修正垂直度误差具体的操作过程。

（5）请阐述图样中尺寸 120 ± 0. 10 mm 在铣削时是如何保证的（图 2—2—15）。

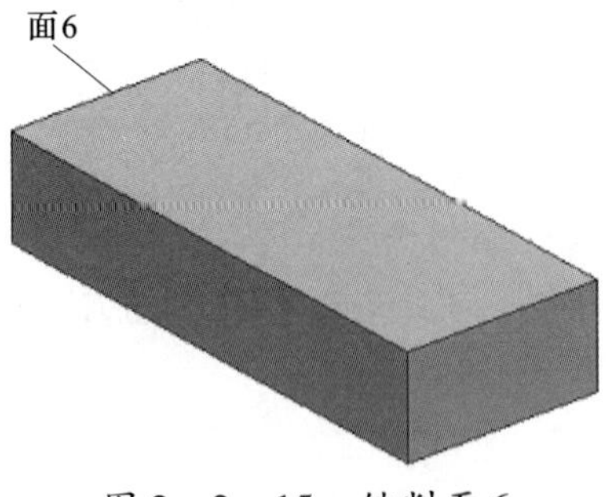

图 2—2—15 铣削面 6

二、识读工序卡

表 2—2—4 为平行垫铁加工中精铣六面体工序的工序卡。其他工序的工序卡可参照表 2—2—4 制定。

表 2—2—4　　平行垫铁加工工序卡

平行垫铁加工工序卡	产品型号		零件图号	2—1—2				
	产品名称		零件名称	平行垫铁	共	页	第	页

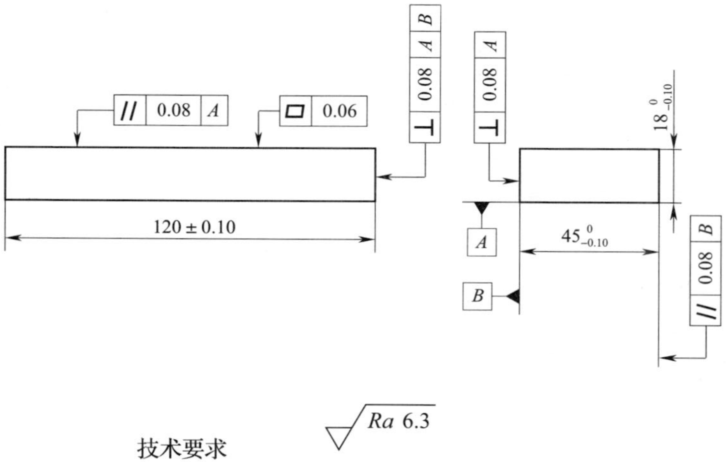

车间	工序号	工序名称	材料牌号
铣工	3	精铣六面体	
毛坯种类	毛坯外形尺寸	每毛坯可制件数	每台件数
矩形料	125 mm × 47 mm × 20 mm	1	
设备名称	设备型号	设备编号	同时加工件数
立式铣床	X5032		

夹具编号	夹具名称	切削液	
2	平口钳		
工位器具编号	工位器具名称	工序工时（分）	
		准终	单件

120 ± 0.10　$45^{0}_{-0.10}$　$18^{0}_{-0.10}$　// 0.08 A　□ 0.06　⊥ 0.08 A B　⊥ 0.08 A　// 0.08 B　Ra 6.3

技术要求

全部倒角C1。

工步号	工步内容	工艺装备	主轴转速	切削速度	进给量	切削深度	进给次数	工步工时	
			r/min	m/min	mm/min	mm		机动	辅助
1	铣削基准面	平口钳	600	151	118	0.5	1		

续表

工步号	工步内容	工艺装备	主轴转速	切削速度	进给量	切削深度	进给	工步工时	
			r/min	m/min	mm/min	mm	次数	机动	辅助
2	铣削第二面	平口钳	600	151	118	0.5	1		
3	铣削第三面	平口钳	600	151	118	1.5	多次		
4	铣削第四面	平口钳	600	151	118	1.5	多次		
5	铣削第五面	平口钳	600	151	118	1.0	多次		
6	铣削第六面	平口钳	600	151	118	4.0	多次		

设计（日期）	校对（日期）	审核（日期）	标准化（日期）	会签（日期）

工序卡中的主轴转速、切削速度、进给量、切削深度被称为铣削用量。铣削用量是指在铣削过程中所选用的切削用量。加工前需根据零件材料、机床、刀具、夹具等进行切削用量的选择。假设本任务采用端铣刀进行平行垫铁的铣削加工，铣刀的直径为 80 mm，主轴转速 $n=600$ r/min，刀具的齿数 $z=2$。请通过查阅相关资料计算验证工序卡中的切削速度、进给量（每齿进给量 $f_z=0.1$ mm/z、每转进给量 f、每分进给量 v_f）。

学习活动3　平行垫铁的加工

学习目标

1. 能按零件图样要求，测量毛坯外形尺寸，判断毛坯是否有足够的加工余量。

2. 能规范使用平口钳装夹工件并找正。

3. 能规范装夹刀具，确保刀具安全性，并根据加工要求，运用适当对刀方法，正确对刀。

4. 能检查铣床功能完好情况，按操作规程进行加工前机床润滑、预热等准备工作。

5. 在加工过程中，能严格按照铣床操作规程操作铣床，按工步切削工件；根据切削状态调整切削用量，保证正常切削；适时检测，保证精度。

6. 能根据图样技术要求合理选择检验用具，对工件进行检测。

7. 能用通用量具对工件的平面度、垂直度、平行度进行检测，保证加工质量。

8. 能正确选择粗、精基准，使用圆柱铣刀或端铣刀对平行垫铁进行铣削加工。

9. 能在加工完毕后，按照图样要求进行自检。

10. 能按车间现场管理规定，正确放置零件。

11. 能按产品工艺流程和车间要求，进行产品交接并确认。

12. 能按车间规定，整理现场，保养机床。

13. 能按车间规定填写交接班记录。

14. 能按国家环保相关规定和车间要求，正确处置废油液等废弃物。

建议学时　8 学时。

学习过程

一、填写领料单（表 2—3—1）并领取材料

表 2—3—1　　领料单

填表日期：　年　　月　　日　　　　发料日期：　年　　月　　日

领料部门		产品名称及数量				
领料单号		零件名称及数量				
材料名称	材料规格及型号	单位	数量		单价	总价
			请领	实发		
材料说明用途	材料仓库	主管	发料数量	领料部门	主管	领料数量

二、填写工量具清单（表 2—3—2）并领取工量具

表 2—3—2　　工量具清单

序号	工量具名称	规格	数量	需领用

三、进行加工

在实训场地按照表 2—3—3 操作过程的提示，完成平行垫铁的加工。

表 2—3—3 操作过程

<table>
<tr><th colspan="2">操作步骤</th><th>操 作 要 点</th></tr>
<tr><td colspan="2">1. 加工前准备工作</td><td>按操作规程，加工零件前首先要检查各手柄的原始位置是否正常及各进给方向的停止挡铁是否在限位柱范围内，是否牢靠，然后完成机床润滑、预热等准备工作</td></tr>
<tr><td rowspan="3">2. 平行垫铁粗加工</td><td>（1）选择和安装铣刀，并调整铣刀主轴转速、工作台进给量</td><td>1）根据毛坯尺寸，选择合适规格的端铣刀刀盘。由于毛坯尺寸为 $\phi 55$ mm × 125 mm，选择端铣刀刀盘直径为 80 mm。根据硬质合金铣刀切削普通钢件的切削速度要求，将主轴转速选择为 600 r/min。根据端铣刀刀头数量，结合每分进给量和主轴转速，将工作台进给量选择为 118 mm/min（2 把刀头）
2）将选择好的端铣刀安装到铣床上，并调整主轴转速至所选转速，进给量调至所选数值
注意：安装铣刀和变速时要严格按照操作规程进行，以免发生事故</td></tr>
<tr><td>（2）检查工件毛坯，确定各平面的铣削深度</td><td>根据毛坯尺寸 $\phi 55$ mm × 125 mm，工件粗加工尺寸 125 mm × 47 mm × 20 mm，确定加工面 1、面 4 时的加工余量为 17.5 mm，即铣削深度 a_p 为 17.5 mm，加工面 2、面 3 时的加工余量为 4 mm，即铣削深度 a_p 为 4 mm</td></tr>
<tr><td>（3）用平口钳装夹，完成各平面的铣削</td><td>1）首先用棉纱擦净平口钳底座结合面和铣床工作台表面，将平口钳紧固在工作台台面上。将棒料及合适的平行垫铁放入平口钳两钳口之间，调整好位置，轻紧工件后，用划针盘校正毛坯待加工的上平面 1，使上平面高出</td></tr>
</table>

续表

操作步骤	操 作 要 点
2. 平行垫铁粗加工	平口钳上平面 2 ~ 3 mm，以免铣削时铣伤钳口，然后夹紧工件。移动工作台，调整铣刀位置，对刀，移距，自动进给铣削平面 1。停车后，观察加工表面的表面粗糙度，用刀口尺检验工件平面度，用深度游标卡尺检查面 1 与平行垫铁间的尺寸并记录。合格后卸下工件，用锉刀去除毛刺 2）将工件基准面 1 靠向固定钳口，放入钳口调整好位置，使上平面 2 高出平口钳上平面 2 ~ 3mm，然后夹紧工件。移动工作台，调整铣刀位置，对刀，移距，自动进给铣削面 2。停车后，观察加工表面的表面粗糙度，用刀口尺检验工件平面度，用锉刀去除毛刺。然后用 90° 角尺检查垂直度，用深度游标卡尺检查剩余余量情况。若各项技术要求合格，卸下工件，进行下一步工作 3）将基准面 1 靠向固定钳口，在平口钳钳体导轨面和工件面 2 之间垫一尺寸合适的垫铁，夹紧工件，用铜棒将工件轻轻敲实，直至用手不能晃动垫铁为合适。移动工作台，调整铣刀位置，对刀，根据剩余余量上升工作台，自动进给铣削面 3。停车后，观察加工表面的表面粗糙度，用刀口尺检验工件平面度，用锉刀去除毛刺，然后用深度游标卡尺检查 47 mm 尺寸是否合格。若尺寸过大，可根据剩余余量，继续加工至尺寸合格，合格后卸下工件，再进行下一步工作 4）以铣好的面 2 作次要基准贴向固定钳口，基准面 1 作为主基准，朝下并在其与平口钳钳体导轨面之间垫两块高度相等的平行垫铁，夹紧工件，用铜棒将工件轻轻敲实，直至用手不能晃动垫铁为合适。移动工作台，调整铣刀位置，对刀，根据剩余余量上升工作台，自动进给铣削面 4。停车后，观察加工表面的表面粗糙度，并用刀口尺检验工件平面度，用锉刀去除毛刺，然后用深度游标卡尺检查 20 mm 尺寸是否合格。若尺寸过大，可根据剩余余量，继续加工至尺寸合格，合格后卸下工件 由于是粗加工，且平行垫铁两端面中一个端面有与面 1、面 2 的垂直度要求，故两端面就不做粗加工铣削

续表

操作步骤		操作要点
3. 平行垫铁精加工	（1）检查工件毛坯，确定各平面铣削深度	根据毛坯尺寸125 mm×47 mm×20 mm，工件完工尺寸120 mm×45 mm×18 mm，确定各加工面的加工余量，从而确定铣削深度
	（2）用平口钳装夹，完成各平面的铣削	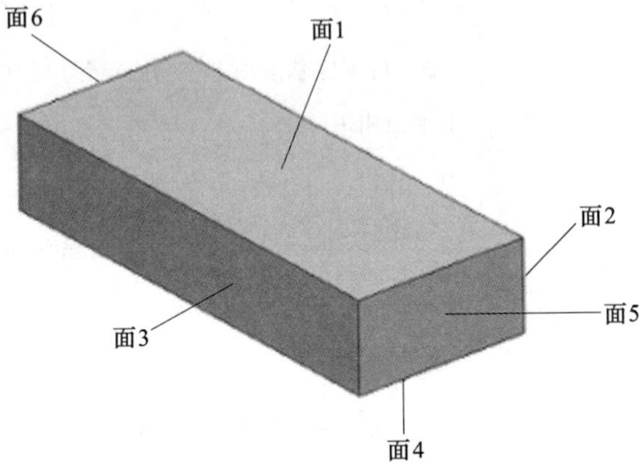 面6 面1 面2 面5 面3 面4 1）将长条形坯料的面2靠向固定钳口，放入钳口调整好位置，轻紧工件后，用划针盘校正毛坯待加工的上平面1，使上平面与划针尖间的缝隙各处基本保持一致后夹紧工件。移动工作台，调整铣刀位置，对刀，移距，自动进给铣削面1。停车后，观察加工表面的表面粗糙度，并用刀口尺检验工件平面度，合格后卸下工件，用锉刀去除毛刺。用深度游标卡尺检查面1、面4间的尺寸并记录 2）将工件基准面1靠向固定钳口，放入钳口调整好位置，并在工件与活动钳口之间位于活动钳口一侧中心的位置上加一根圆棒，轻紧工件后，用划针盘校正毛坯待加工的上平面2，使上平面与划针尖间的缝隙各处基本保持一致后夹紧工件。移动工作台，调整铣刀位置，对刀，移距，自动进给铣削面2。停车后，观察加工表面的表面粗糙度，并用刀口尺检验工件平面度，用锉刀去除毛刺。然后用90°角尺检查垂直度，用游标卡尺检查剩余余量情况。若各项技术要求合格，卸下工件，进行下一步工作 3）将基准面1靠向固定钳口，在平口钳钳体导轨面和工件面2之间垫一尺寸合适的垫铁，夹紧工件，用铜棒将工件轻轻敲实，直至用手不能晃动垫铁为合适。移动工作台，调整铣刀位置，对刀，根据剩余余量上升工作台，

续表

操作步骤	操 作 要 点
3. 平行垫铁精加工	自动进给铣削面3。停车后，观察加工表面的表面粗糙度，并用刀口尺检验工件平面度，用锉刀去除毛刺。然后用深度游标卡尺检查 $45_{-0.10}^{0}$ mm 尺寸是否合格。若尺寸过大，可根据剩余余量，继续加工至尺寸合格，卸下工件，再进行下一步工作 4）以铣好的面2作次要基准贴向固定钳口，基准面1作为主基准，朝下并在其与平口钳钳体导轨面之间垫两块高度相等的平行垫铁，夹紧工件，用铜棒将工件轻轻敲实，直至用手不能晃动垫铁为合适。移动工作台，调整铣刀位置，对刀，根据剩余余量上升工作台，自动进给铣削面4。停车后，观察加工表面的表面粗糙度，并用刀口尺检验工件平面度，用锉刀去除毛刺。然后用深度游标卡尺检查 $18_{-0.10}^{0}$ mm 尺寸是否合格。若尺寸过大，可根据剩余余量，继续加工至尺寸合格，卸下工件，再进行下一步工作 5）将工件基准面1靠向固定钳口，并用90°角尺校正工件的侧面与平口钳钳体导轨面垂直，夹紧工件。移动工作台，调整铣刀位置，对刀，根据余量上升工作台，自动进给铣削面5。停车后，观察加工表面的表面粗糙度，并用刀口尺检验工件平面度，用锉刀去除毛刺。然后用90°角尺检查垂直度，用深度游标卡尺检查剩余余量情况。若各项技术要求合格，卸下工件，进行下一步工作 6）将工件基准面1靠向固定钳口，面5紧贴平行垫铁，夹紧工件，并用铜棒将工件轻轻敲实，直至用手不能晃动垫铁为合适。移动工作台，调整铣刀位置，对刀，根据剩余余量上升工作台，自动进给铣削面6。停车后，观察加工表面的表面粗糙度，并用刀口尺检验工件平面度，用锉刀去除毛刺。然后用深度游标卡尺检查 120 ± 0.10 mm 尺寸是否合格。若尺寸过大，可根据剩余余量，继续加工至尺寸合格，卸下工件
4. 加工后整理工作	加工完毕后，按照图样要求进行自检，正确放置零件，并进行产品交接确认；按照国家环保相关规定和车间要求，整理现场，正确处置废油液等废弃物；按车间规定填写交接班记录（见附表1）和设备日常保养记录卡（见附表2）

学习活动 4　平行垫铁的测量及误差分析

学习目标

1. 能利用量具完成平行垫铁各要素的直接和间接测量。

2. 能根据平行垫铁的检测结果，分析误差产生的原因。

3. 能正确规范地使用工量具，并对其进行合理保养和维护。

4. 能根据检测结果正确填写检验报告单。

5. 能按检验室管理要求正确放置检验工量具。

建议学时　2 学时。

学习过程

一、检测工件

对工件进行检测，并将结果填写在表 2—4—1 中。

表 2—4—1　　检测结果表

序号	检测内容	检测项目	分值	自测结果	得分	教师检测结果	得分
1	主要尺寸	$45_{-0.10}^{0}$ mm	12				
2		$18_{-0.10}^{0}$ mm	12				
3		120 ± 0. 10 mm	12				

续表

序号	检测内容	检测项目	分值	自测结果	得分	教师检测结果	得分
4	几何公差与表面质量	平面度 0.06 mm	8				
5		垂直度 0.08 mm（2 处）	14				
6		平行度 0.08 mm（2 处）	14				
7		表面粗糙度 Ra 6.3 μm	18				
8	设备及工量刃具的使用维护	工量刃具的合理使用与保养	2				
		正确进行铣床的操作	2				
		正确进行铣床的润滑	1				
		正确进行铣床的保养	2				
9	安全文明生产	正确执行安全技术操作规程	2				
		正确穿戴工作服	1				
总分							
教师总评意见							

二、误差分析

根据检测结果进行误差分析，将分析结果填写在表 2—4—2 中。

表 2—4—2 误差分析表

测量内容		零件名称	
测量工具和仪器		测量人员	
班级		日期	

一、测量目的：

二、测量步骤：

三、测量要领：

四、结论（误差分析）：

质量问题	产生原因	修正措施
外形尺寸误差		
几何公差误差		
表面粗糙度误差		
其他误差		

学习活动5　总 结 评 价

学习目标

1. 能通过交流讨论等方式较全面规范地撰写总结，内容详实。

2. 能按分组情况，分别派代表展示工作成果，说明本次任务的完成情况，并作分析总结。

3. 能就本次任务中出现的问题提出改进措施。

4. 能对学习与工作进行反思，并能与他人开展良好合作，进行有效的沟通。

建议学时　2学时。

学习过程

一、个人、小组评价

把个人制作好的平行垫铁先进行分组展示，再由小组推荐代表作必要的介绍。在展示的过程中，以小组为单位进行评价；评价完成后，根据其他小组成员对本组展示成果的评价意见进行归纳总结。完成如下项目：

（1）展示的平行垫铁符合技术标准吗?

合格□　　不良□　　返修□　　报废□

（2）与其他小组相比，你认为本小组的平行垫铁工艺：

工艺优化□　　工艺合理□　　工艺一般□

（3）本小组介绍成果表达是否清晰?

很好□　　一般，常补充□　　不清晰□

(4) 本小组演示的平行垫铁检测方法操作正确吗?

正确□　　　部分正确□　　　不正确□

(5) 本小组演示操作时遵循了“6S”的工作要求吗?

符合工作要求□　　忽略了部分要求□　　完全没有遵循□

(6) 本小组的成员团队创新精神如何?

良好□　　一般□　　不足□

自评总结（心得体会）

二、教师评价

教师对展示的作品分别作评价。

(1) 找出各组的优点进行点评。

(2) 对展示过程中各组的缺点进行点评，提出改进方法。

(3) 对整个任务完成中出现的亮点和不足进行点评。

学习任务二评价表

班级：__________　　　　姓名：__________　　　　学号：________

项目	自我评价			小组评价			教师评价		
	10 ~ 9	8 ~ 6	5 ~ 1	10 ~ 9	8 ~ 6	5 ~ 1	10 ~ 9	8 ~ 6	5 ~ 1
	占总评 10%			占总评 30%			占总评 60%		
学习活动 1									
学习活动 2									
学习活动 3									
学习活动 4									
学习活动 5									
协作精神									
纪律观念									
表达能力									
工作态度									
任务总体表现									
小计									
总评									

任课教师：________　　年　　月　　日

学习任务三　T 形螺母的铣削

学习目标

1. 能独立阅读生产任务单，明确工时、加工数量等要求，说出所加工零件的用途、功能和分类。

2. 能识读图样和工艺卡，明确加工技术要求和加工工艺。

3. 能应用刀具角度知识，说明三面刃铣刀角度参数的含义、表示方法及对切削性能的影响；能在刀具几何角度示意图中用规范的标识符号标注出相应角度，并在实物中判别其位置。

4. 能查阅切削手册正确选择三面刃铣刀、锯片铣刀、钻头及丝锥的规格，确定三面刃铣刀、锯片铣刀、钻头及丝锥切削用量。

5. 能按零件图样要求，测量毛坯外形尺寸，判断毛坯是否有足够的加工余量。

6. 在加工过程中，能严格按照铣床操作规程操作铣床，按工步铣削工件；根据切削状态调整切削用量，保证正常切削；适时检测，保证精度。

7. 能对加工误差进行分析，并通过调整机床提高加工精度。

8. 能按车间现场管理规定，正确放置零件。

9. 能按产品工艺流程和车间要求，进行产品交接并确认。

10. 能按车间规定，整理现场，保养机床，填写保养记录。

11. 能按车间规定填写交接班记录。

12. 能按国家环保相关规定和车间要求，正确处置废油液等废弃物。

13. 能主动获取有效信息，展示工作成果，对学习与工作进行总结反思，能与他人合作，进行有效沟通。

建议学时

20 学时。

工作情境描述

某企业加工零件时，需要特制一批夹具，该批夹具中的 T 形螺母数量为 100 件，业务部门将图样交予我车间，要求交货期为 8 天，材料由客户提供。现车间安排我铣工组完成此加工任务。

工作流程与活动

1. 领取工作任务，明确加工内容（4 学时）
2. 制定 T 形螺母的加工工艺（4 学时）
3. T 形螺母的加工（8 学时）
4. T 形螺母的测量及误差分析（2 学时）
5. 总结评价（2 学时）

学习活动1　领取工作任务，明确加工内容

学习目标

1. 能独立阅读生产任务单，明确工时、加工数量等要求，说出所加工零件的用途、功能和分类。

2. 能识读图样和工艺卡，明确加工技术要求和加工工艺。

3. 能应用刀具角度知识，说明三面刃铣刀角度参数的含义、表示方法及对切削性能的影响；能在刀具几何角度示意图中用规范的标识符号标注出相应角度，并在实物中判别其位置。

4. 能查阅切削手册正确选择三面刃铣刀、锯片铣刀、钻头及丝锥的规格，确定三面刃铣刀、锯片铣刀、钻头及丝锥切削用量。

5. 能根据现场条件，查阅相关资料，确定符合加工技术要求的工、夹、量具。

建议学时　4学时。

学习过程

领取T形螺母的生产任务单、零件图样、工艺卡，明确本次加工任务的内容。

一、阅读生产任务单（表 3—1—1）

表 3—1—1　　　　　　　　　　　生产任务单

需方单位名称				完成日期	年　月　日	
序号	产品名称	材料	数量	技术标准、质量要求		
1	T 形螺母	45 钢	100 件	按图样要求		
2						
3						
4						
生产批准时间		年　月　日	批准人			
通知任务时间		年　月　日	发单人			
接单时间		年　月　日	接单人		生产班组	铣工组

1．本生产任务需要加工零件的名称：____________；材料：____________；加工数量：__________。

2．本生产任务加工周期为 8 天，你准备如何分配任务完成零件的加工？

3．图 3—1—1 所示是一些常用的 T 形螺母零件，请查阅资料，写出 T 形螺母常用哪些材料制造，适用于哪些场合。

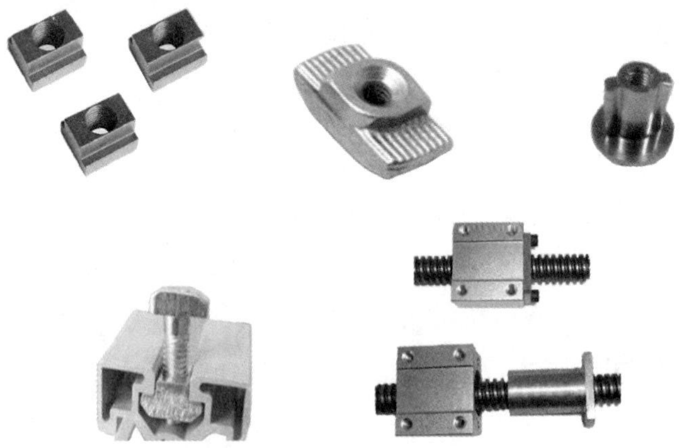

图 3—1—1　T 形螺母零件

二、分析零件图（图 3—1—2）

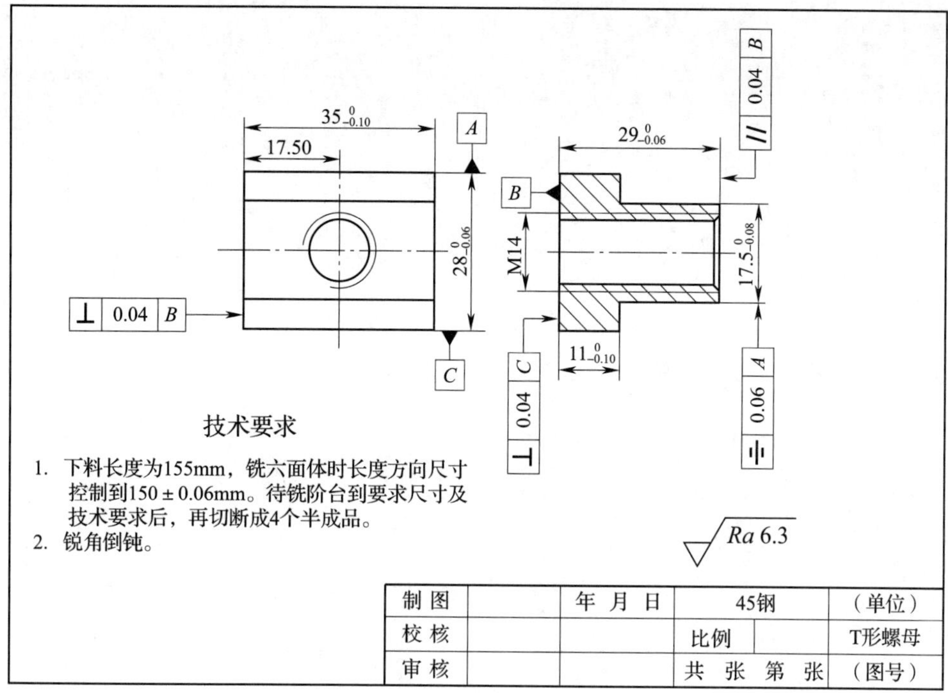

图 3—1—2　T 形螺母零件图

1．写出零件图中下列几何公差的具体含义。

⊥ 0.04 B：

// 0.04 B：

⌯ 0.06 A：

2. 零件图哪些尺寸有公差要求？请列举。

3. 该零件图采用了怎样的表达方法？目的是什么？

4. 请在以下位置按 1∶1 比例抄绘 T 形螺母零件图。

三、识读工艺卡（表3—1—2）

表3—1—2　　　　T形螺母加工工艺卡

<table>
<tr><td rowspan="2">单位名称</td><td rowspan="2"></td><td colspan="2">产品名称</td><td colspan="2">T形螺母</td><td>图号</td><td colspan="2">3—1—2</td></tr>
<tr><td colspan="2">零件名称</td><td>T形螺母</td><td>数量</td><td>4</td><td colspan="2">第1页</td></tr>
<tr><td>材料种类</td><td>板料</td><td>材料牌号</td><td>45钢</td><td colspan="2">毛坯尺寸</td><td>155 mm×35 mm×35 mm</td><td colspan="2">共1页</td></tr>
<tr><td rowspan="2">工序号</td><td rowspan="2">工序内容</td><td rowspan="2">车间</td><td rowspan="2">设备</td><td colspan="3">工具</td><td rowspan="2">计划工时</td><td rowspan="2">实际工时</td></tr>
<tr><td>夹具</td><td>量具</td><td>刃具</td></tr>
<tr><td>1</td><td>毛坯下料</td><td>准备</td><td>锯床</td><td>平口钳</td><td>钢直尺</td><td>锯条</td><td></td><td></td></tr>
<tr><td>2</td><td>粗、精铣六面体</td><td>铣工</td><td>X5032</td><td>平口钳</td><td>游标卡尺、千分尺、90°角尺、塞尺</td><td>端铣刀</td><td></td><td></td></tr>
<tr><td>3</td><td>铣阶台</td><td>铣工</td><td>X6132</td><td>平口钳</td><td>游标卡尺、千分尺、90°角尺、塞尺</td><td>三面刃铣刀</td><td></td><td></td></tr>
<tr><td>4</td><td>工件切断</td><td>铣工</td><td>X6132</td><td>平口钳</td><td>游标卡尺</td><td>锯片铣刀</td><td></td><td></td></tr>
<tr><td>5</td><td>钻孔</td><td>铣工</td><td>X5032</td><td>平口钳</td><td>游标卡尺</td><td>钻头</td><td></td><td></td></tr>
<tr><td>6</td><td>攻螺纹</td><td>铣工</td><td></td><td>平口钳</td><td>螺纹环规</td><td>丝锥</td><td></td><td></td></tr>
<tr><td>更改号</td><td></td><td>拟定</td><td colspan="2">校正</td><td colspan="2">审核</td><td colspan="2">批准</td></tr>
<tr><td>更改者</td><td></td><td></td><td colspan="2"></td><td colspan="2"></td><td colspan="2"></td></tr>
<tr><td>日期</td><td></td><td></td><td colspan="2"></td><td colspan="2"></td><td colspan="2"></td></tr>
</table>

1. 在T形螺母的加工中，需要在铣床上完成的是哪几个工序？

2. 从工艺卡中可以看出，T形螺母加工需要用到端铣刀、三面刃铣刀、锯片铣刀、钻头、丝锥等刀具。识读图3—1—3所示刀具图片，写出刀具名称及加工内容。

刀具名称：________________

加工内容：________________

刀具名称：________________

加工内容：________________

刀具名称：________________

加工内容：________________

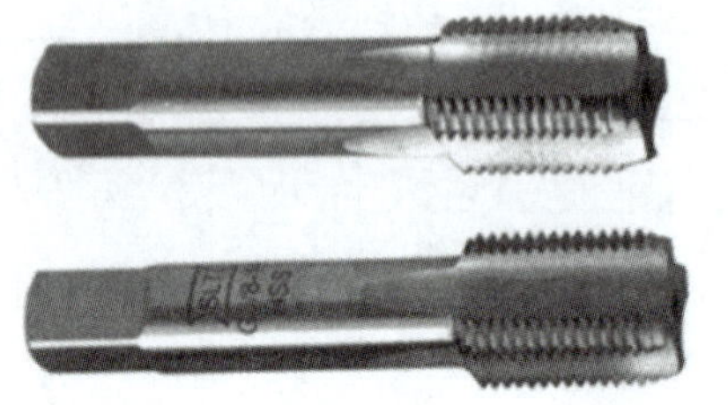

刀具名称：________________

加工内容：________________

图 3—1—3　加工 T 形螺母所用刀具

3．确定加工本零件时用的端铣刀、三面刃铣刀、锯片铣刀、钻头、丝锥的规格。

4．从工艺卡中可以看出，在铣六面体和阶台时选用千分尺（也可用百分表）对工件进行测量。回答以下问题，掌握千分尺和百分表的使用方法。

（1）如图 3—1—4 所示，写出千分尺各组成部分的名称。

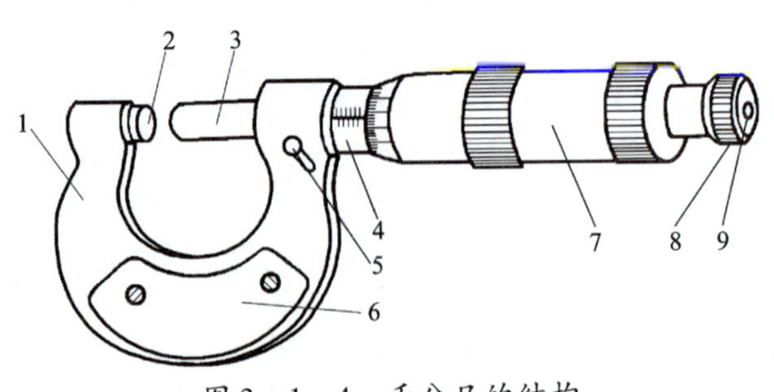

图 3—1—4　千分尺的结构

1—____________　2—____________　3—____________　4—____________　5—____________

6—____________　7—____________　8—____________　9—____________

（2）写出图3—1—5所示千分尺的读数。

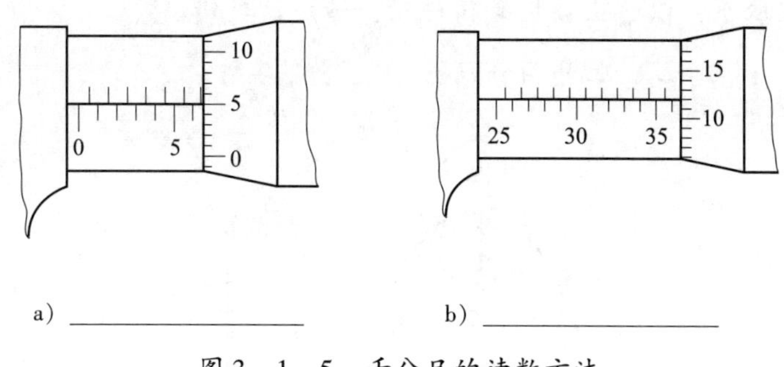

图3—1—5 千分尺的读数方法

小提示

使用千分尺时应注意：

1. 根据工件公差等级的要求，正确、合理地选用千分尺。

2. 千分尺的测量面应保持洁净，使用前应校验零位。

3. 测量时，先转动微分套筒，使测微螺杆端面逐渐接近工件被测表面；再转动棘轮，直到棘轮打滑并发出“咔嚓”声，表明两测量面与工件刚好贴合或相切，此时读出测量尺寸值，如图3—1—6所示。

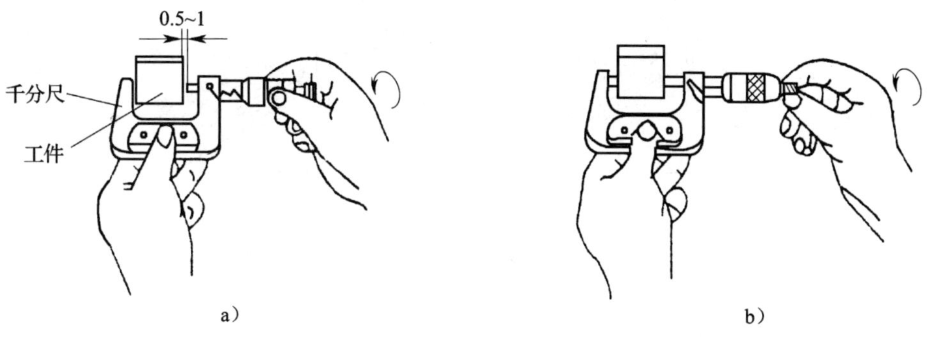

图3—1—6 千分尺的测量过程

a）转动微分套筒 b）转动棘轮

4. 测量前，要去除被测零件的毛刺，并将零件擦拭干净。不可用千分尺去测量粗糙的表面，以免划伤千分尺的表面，降低测量精度。

5. 测量时，千分尺要放正，并应使用测力装置控制测量的压力。

6. 测量后，如暂时需要保留尺寸，应用千分尺的锁紧装置锁紧后再将千分尺从被测工件上轻轻取下，以防止数据套筒转动，造成读数错误。

（3）如图 3—1—7 所示，写出百分表各组成部分的名称。

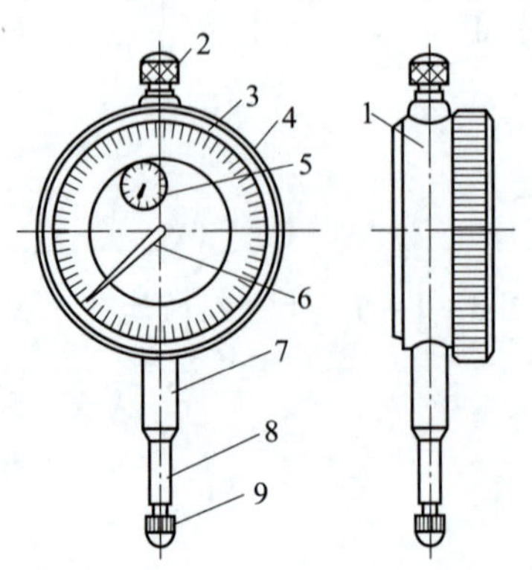

图 3—1—7　百分表的结构

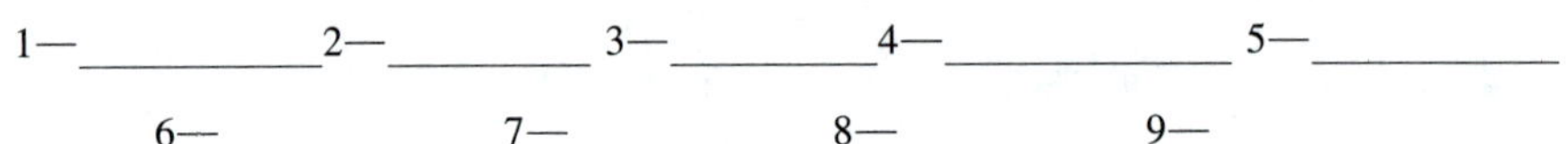

1—__________2—__________ 3—__________4—__________ 5—__________

6—__________7—__________ 8—__________9—__________

（4）结合图 3—1—8，写出用百分表检测工件的平面度或平行度的方法。

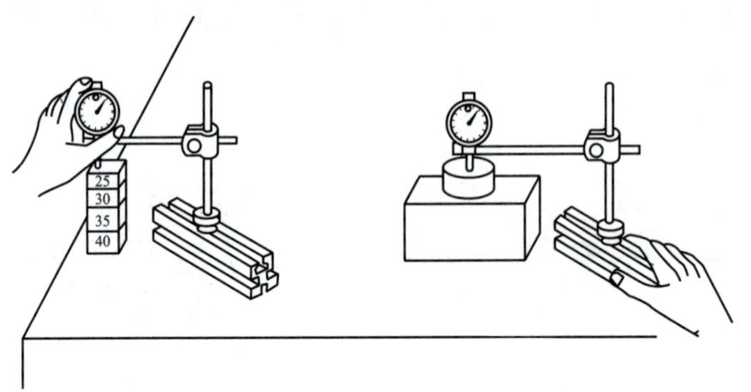

图 3—1—8　用百分表检测工件的平面度或平行度

小提示

使用百分表时应注意以下事项：

1. 百分表要装夹在百分表架或磁性表架上使用，如图3—1—9所示。表架上的接头即伸缩杆，可以调节百分表的上下、前后和左右位置。

2. 测量平面或圆形工件时，百分表的测量头应与平面垂直或圆柱形工件中心线垂直，否则百分表测量杆移动不灵活，测量的结果不准确。

3. 测量杆的升降范围不宜过大，以减少由于存在间隙而产生的误差。

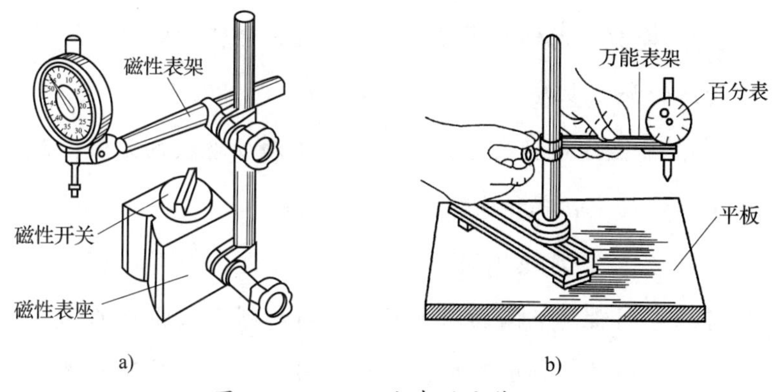

图3—1—9　百分表的安装方法

a）安装在磁性表架上　b）安装在万能表架上

学习活动 2　制定 T 形螺母的加工工艺

学习目标

1. 能叙述用三面刃铣刀铣削阶台的方法，制定 T 形螺母中阶台的加工步骤。

2. 能叙述用锯片铣刀切断工件的方法，制定 T 形螺母中切断的加工步骤。

3. 能叙述用钻头钻孔和用丝锥手动攻螺纹的方法，制定 T 形螺母中钻孔和攻螺纹的加工步骤。

4. 能综合考虑零件材料、刀具材料、加工性质、机床特性等因素，查阅切削手册，确定切削三要素中的切削速度、进给量和切削深度，并能运用公式计算转速和进给量。

建议学时　4 学时。

学习过程

一、制定加工步骤

（一）铣削六面体

参照任务二平行垫铁加工步骤，制定铣削六面体（图 3—2—1）的步骤。

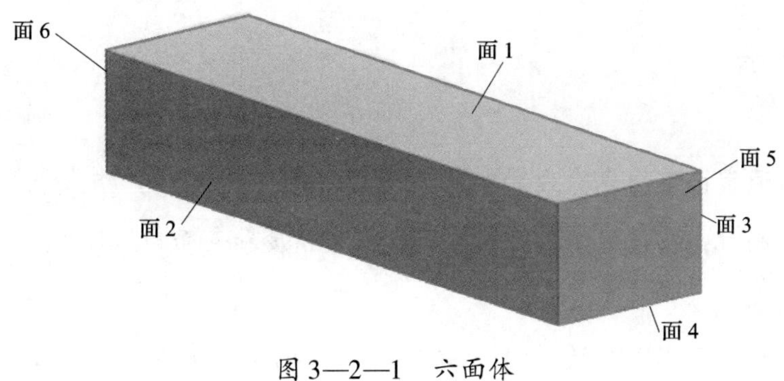

图 3—2—1　六面体

（二）铣削阶台

1. 首先对平口钳进行校正，根据加工需要写出平口钳的固定钳口应与哪个进给方向平行。

2. T 形螺母的阶台在铣削加工前应对工件进行划线，写出划线的操作过程。

小提示

阶台形状通常由单面直阶台和双面直阶台（如 T 形螺母）组成。当阶台类零件的精度要求较高时，在铣削加工时除要保证尺寸精度和表面粗糙度外，还应保证其几何公差精度要求。

3. 如果用一把三面刃铣刀铣削 T 形螺母零件中的阶台，如图 3—2—2 所示，请计算其外圆直径、宽度是多少。

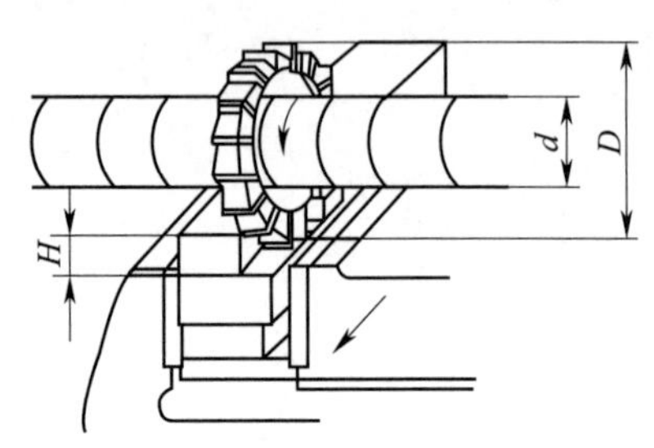

图 3—2—2 用三面刃铣刀铣削阶台

4. 阅读表 3—2—1 用一把三面刃铣刀铣削阶台的加工步骤，填写相关内容。

表 3—2—1 用一把三面刃铣刀铣削阶台的加工步骤

加工步骤	操作要点	图示
1	工件安装校正后，摇动各进给手柄，使铣刀擦着台阶侧面的贴纸	

续表

加工步骤	操作要点	图　　示
2	降落垂直工作台	
3	把横向工作台移动____个台阶______的距离，并将其紧固。____工作台，使铣刀周刃擦着工件上表面贴纸。摇动纵向工作台手柄，使铣刀退出工件。上升一个台阶____，摇动纵向工作台手柄，根据图样要求，进行所需阶台的铣削	
4	铣出阶台后，使工件与刀具完全分离	

5．当阶台的加工尺寸及余量较大时，可采用分段铣削，即先分层粗铣掉大部分余量，并预留精加工余量，后精铣至最终尺寸，如图 3—2—3 所示。查阅资料，写出具体的操作方法。

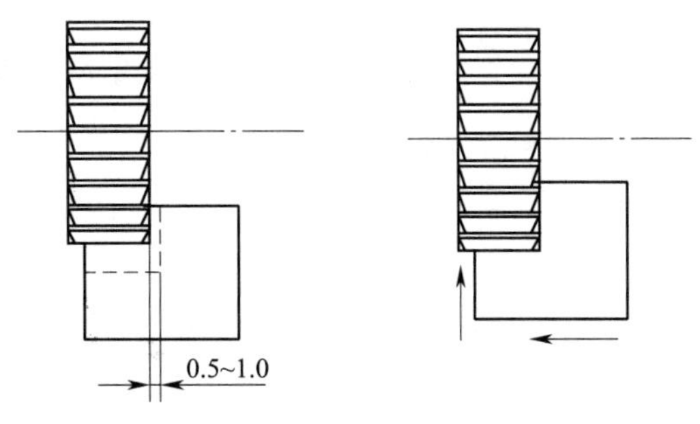

图 3—2—3　铣削深度较深的阶台

6. 如果用三面刃铣刀铣削 T 形螺母阶台一侧，如图 3—2—4 所示，请计算需要测量的尺寸值并叙述装夹工件和加工的过程。

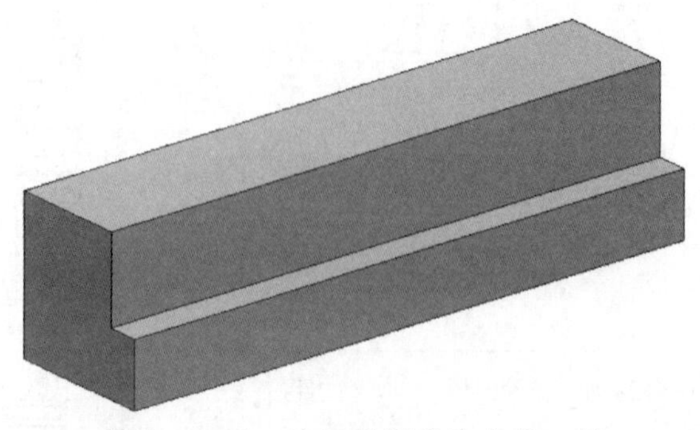

图 3—2—4 铣 T 形螺母阶台的一侧

7. 请写出 6 题中的测量过程。

8. 如果实际测量值超出图样中尺寸公差值，请分析产生这种加工误差的原因。

9. 请阐述在实际操作过程中修正尺寸误差具体的操作过程。

10. 如果用立铣刀铣阶台，请写出其刀具选择及铣削方法与三面刃铣刀有何不同（图3—2—5）。

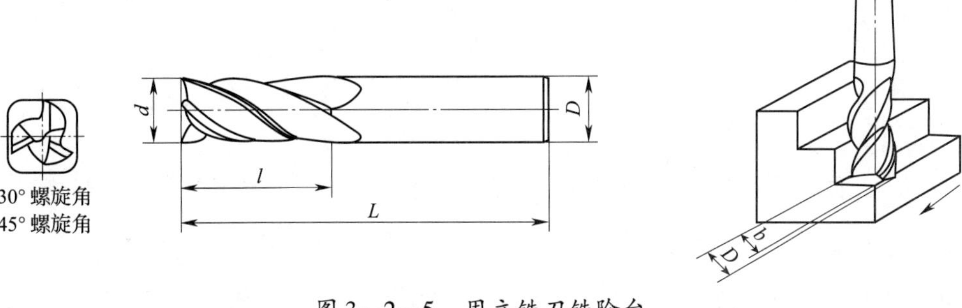

图 3—2—5 用立铣刀铣阶台

11. 如果用端铣刀铣阶台，请写出其刀具选择及铣削方法与三面刃铣刀有何不同（图3—2—6）。

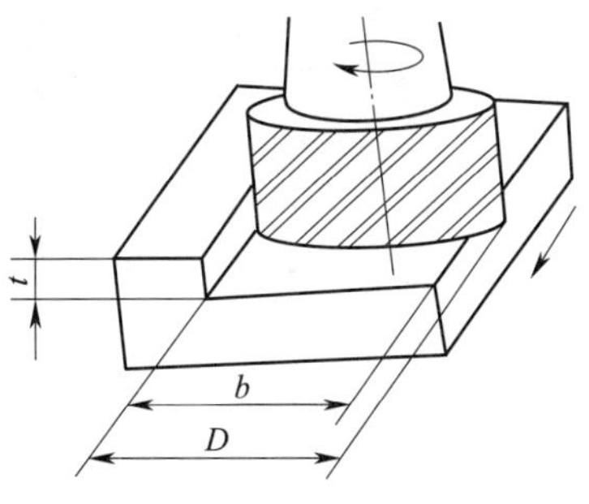

图 3—2—6 用端铣刀铣阶台

12. 如图 3—2—7 所示，由于工作台零位不准会造成加工阶台出现误差，请查阅资料，写出消除阶台出现上窄下宽误差的方法。

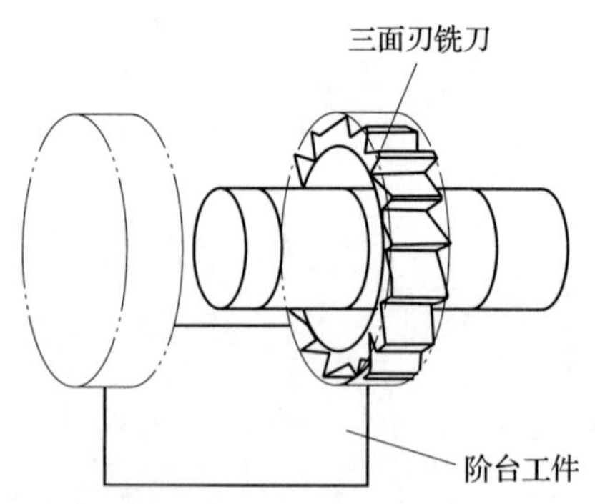

图 3—2—7 工作台零位不准对加工阶台的影响

13. 用三面刃铣刀铣阶台，三面刃铣刀的圆周刃起主要切削作用，而侧刃起修光作用。三面刃铣刀的直径和刀齿尺寸都比较大，刀齿强度较高，便于排屑，冷却性较好，能选择较大的切削用量，效率高，精度好，因此通常采用三面刃铣刀铣阶台。铣 T 形螺母阶台另一侧，如图 3—2—8、图 3—2—9 所示，请计算工件移动距离并写出其加工步骤。

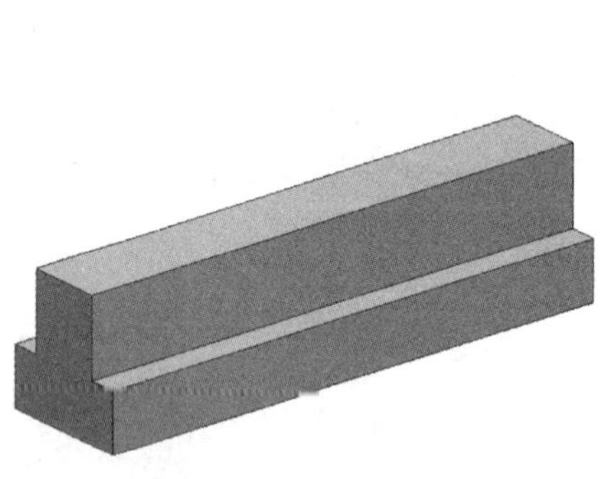

图 3—2—8 铣 T 形螺母阶台另一侧

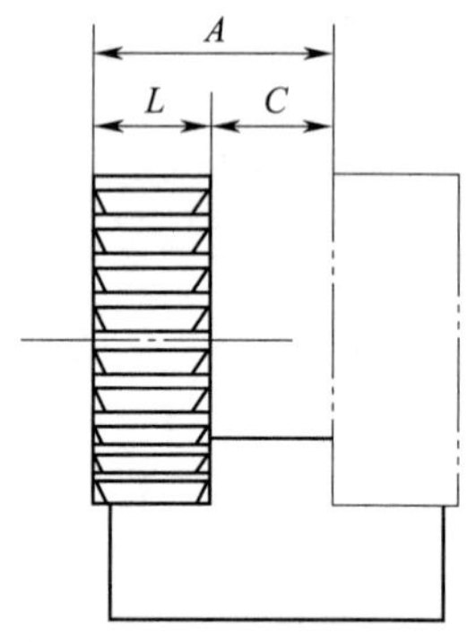

图 3—2—9 用一把铣刀铣双阶台

14. 如果选用组合铣刀铣削图样中的阶台，通过查阅资料，请叙述其与一把三面刃铣刀在选择直径及宽度时的不同之处，并写出用两把三面刃铣刀铣削阶台的调整过程（图3—2—10）。

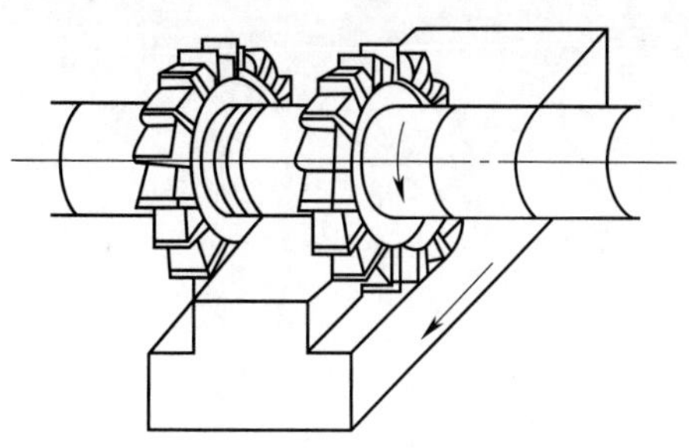

图3—2—10　用组合铣刀铣阶台

15. 请阐述图样中尺寸17.5 $_{-0.08}^{\ 0}$ mm、11 $_{-0.10}^{\ 0}$ mm在铣削时是如何保证的。

16. 请阐述15题中的测量过程。

17. 如果实际测量值超出图样中尺寸公差值，请分析产生这种加工误差的原因。

18. 请阐述在实际操作过程中修正尺寸误差具体的操作过程。

（三）工件切断

1. T 形螺母的长度在铣削外形时尺寸为 150 mm，而在 150 mm 长度上做成 4 个长度为 35 mm 的 T 形螺母零件。应采用哪种铣刀来完成该铣削加工任务?

2．如图 3—2—11 所示，工件切断时，主要根据锯片铣刀的直径和厚度选择铣刀。在能够把工件切断的情况下，应尽量选择直径较小的锯片铣刀。请计算 T 形螺母零件切断时，铣刀的直径和厚度应为多少。

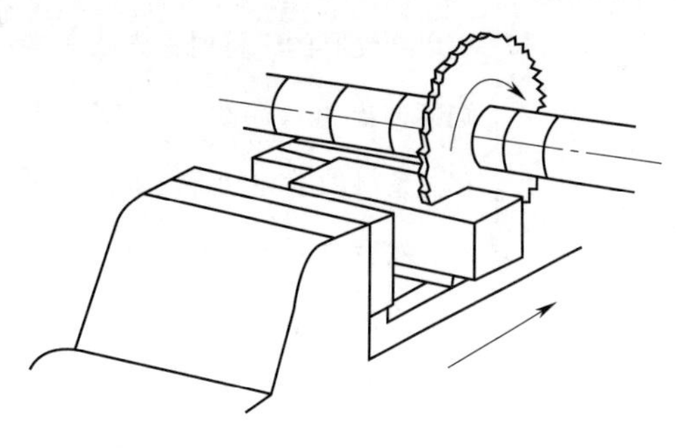

图 3—2—11　工件切断

3．阅读表 3—2—2 工件切断时的几种情况，填写相关内容。

表 3—2—2　　　工件切断时的几种情况

工件切断类型及铣刀位置	操作要点	图　示
切断较薄工件	如图 a 所示，当切断工件的厚度较薄时，将条料伸出钳口端__个工件的厚度尺寸，夹紧工件，对中心调整，切去条料的毛坯端部。然后移开铣刀，松开横向进给紧固手柄，移动____工作台__个铣刀厚度加 ____厚度的距离，再将____进给紧固，切出首个工件，如图 b 所示。以____的方法切出以后几个工件。松开工件，重新装夹，使铣刀划着条料端部，作为____面，定好尺寸，逐次切断工件	F a)切去工件毛坯的端部 b)切出首个工件

续表

工件切断类型及铣刀位置	操作要点	图示
切断较厚工件	切断较厚的工件时，先将条料端部伸出钳口端约 10 ~ 15 mm，切去条料的毛坯端部，如图 a 所示。然后退刀，松开条料，使条料伸出钳口端部一个工件厚度加________再加 5 ~ 10 mm 的长度，然后夹紧工件，调整工作台，使铣刀____工件端部，并移动横向工作台一个铣刀厚度加工件厚度的距离，将____进给紧固，切断工件，如图 b 所示	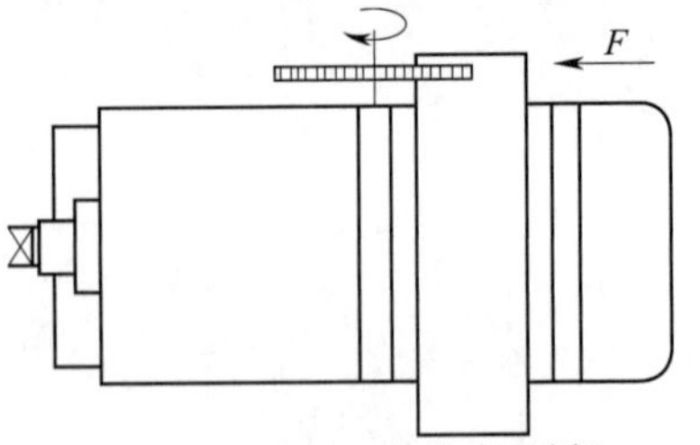 F a)切去工件的毛坯端部 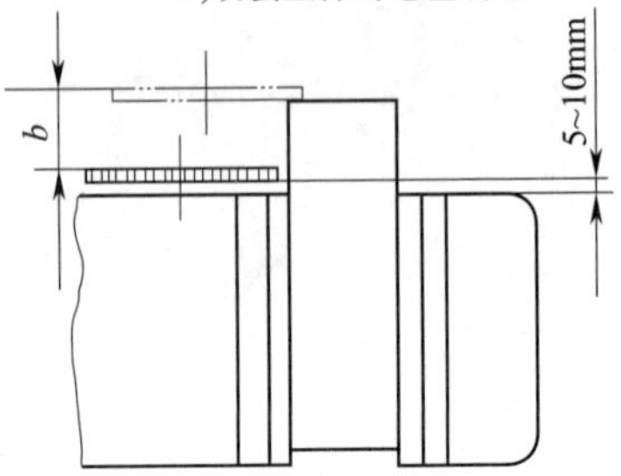 b 5~10mm b)切断工件
切断较短工件	如图 a 所示，工件切到最后，长度变____，装夹好后进行切断时，会使钳口两端受力______，活动钳口出现____（又称为喇叭口），切断中工件容易被铣刀抬挤出钳口，____铣刀，啃伤工件。因此，工件切到最后，应在钳口的另一端垫上已切好的工件或______的垫块，使钳口两端受力均匀，从而使最后的工件切断过程顺利进行，如图 b 所示。工件切到最后剩下 20 ~ 30 mm 时，就不要再切	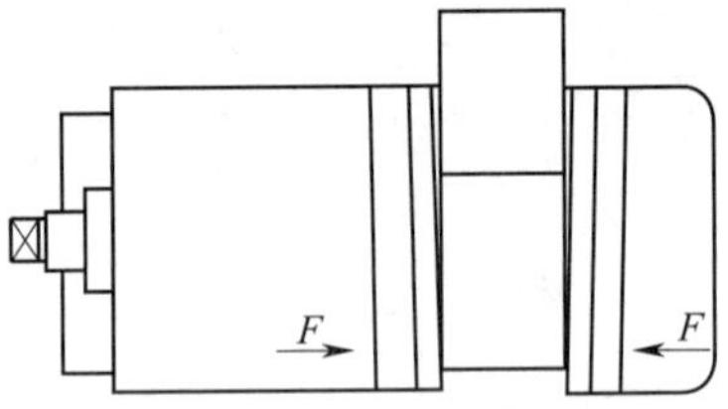 F F a)未加垫块时 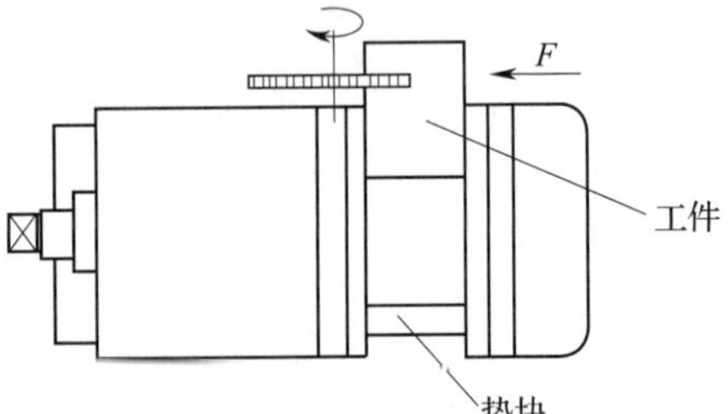 F 工件 垫块 b)加垫块后
切断带孔的工件	切断带孔的工件时，应将平口钳的______钳口与主轴轴心线____安装，夹持工件____的两端面，进行切断，以免铣刀即将切出工件时，工件变形把____折断	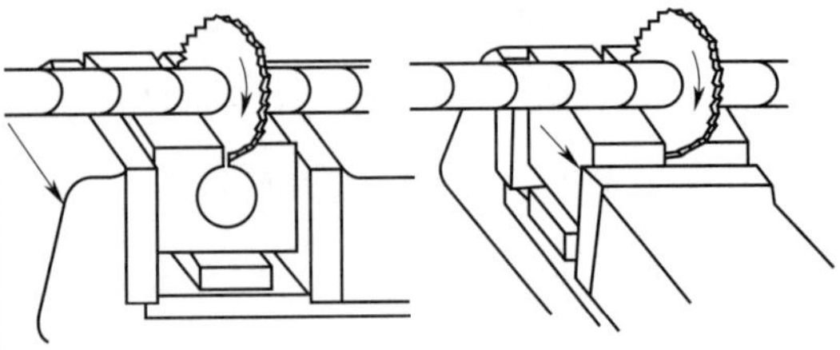

续表

工件切断类型及铣刀位置	操作要点	图　示
切断时铣刀的位置	切断过程中，为了使铣刀工作时____和____，防止铣刀将工件抬挤出钳口，铣刀的圆周刃以刚好与条料工件的____面相切为宜，即刚刚____工件	a)正确　b)错误

4．请根据零件图，写出切断T形螺母零件用锯片铣刀的安装过程。

5．如图3—2—12所示，请阐述图样中尺寸 $35_{-0.10}^{0}$ mm在操作时是如何对刀和铣削的。

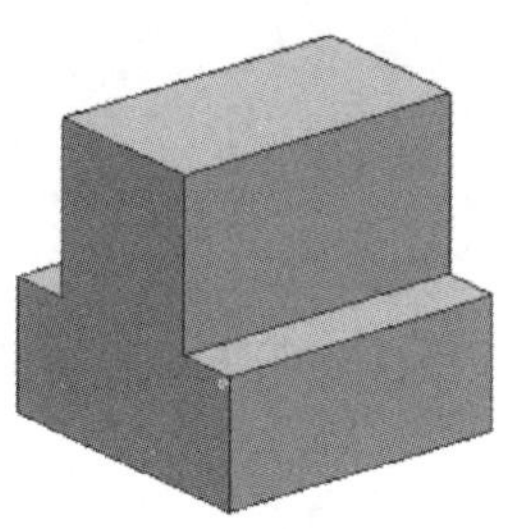

图3—2—12　T形螺母工件切断

5．请阐述5题中的测量过程。

6．如果实际测量值超出图样中尺寸公差值，请分析产生这种加工误差的原因。

7．请阐述在实际操作过程中修正尺寸误差具体的操作过程。

（四）钻孔、攻螺纹

1. T 形螺母零件螺纹尺寸是 M14，如图 3—2—13 所示，请选择钻头直径并阐述安装钻头的过程，并叙述如何确定零件上孔的位置。

图 3—2—13　T 形螺母零件钻孔

2. 孔的位置尺寸是 17. 50 mm，且对称度为 0. 06 mm，请阐述零件装夹后的加工过程。

3. 请阐述 2 题中的测量过程。

4．图样中尺寸为 17.50 mm，如果实际测量值为 17.10 mm，请分析产生这种加工误差的原因。

5．请阐述在实际操作过程中修正对称度误差具体的操作过程。

6．如图 3—2—14 所示，用手动攻螺纹时，请写出操作过程中的操作要点。

图 3—2—14　T 形螺母零件攻螺纹

二、识读工序卡

表 3—2—3 为 T 形螺母加工中工件切断工序的工序卡。其他工序的工序卡可参照表 3—2—3 制定。

表 3—2—3　　T 形螺母加工工序卡

T 形螺母加工工序卡	产品型号		零件图号	3—1—2		
	产品名称	T 形螺母	零件名称	T 形螺母	共　页	第　页

车间	工序号	工序名称	材料牌号
铣工	4	工件切断	45 钢
毛坯种类	毛坯外形尺寸	每毛坯可制件数	每台件数
T 形料	150 mm × 29 mm × 28 mm	4	4
设备名称	设备型号	设备编号	同时加工件数
卧式铣床	X6132	05	4

夹具编号	夹具名称	切削液	
5	平口钳		
工位器具编号	工位器具名称	工序工时（分）	
		准终	单件

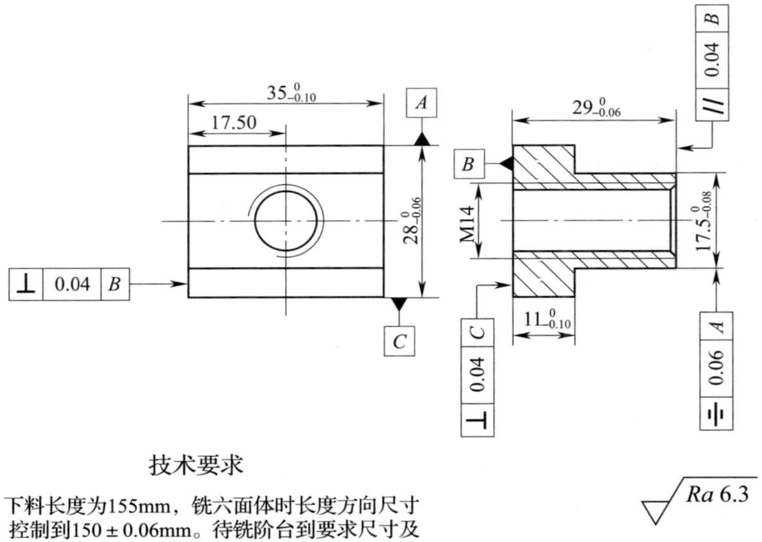

技术要求

1. 下料长度为155mm，铣六面体时长度方向尺寸控制到150±0.06mm。待铣阶台到要求尺寸及技术要求后，再切断成4个半成品。
2. 锐角倒钝。

工步号	工步内容	工艺装备	主轴转速 r/min	切削速度 m/min	进给量 mm/r	切削深度 mm	进给次数	工步工时 机动	工步工时 辅助
1	切断第一件	平口钳	37.5	12	手动	30	1		

续表

工步号	工步内容	工艺装备	主轴转速	切削速度	进给量	切削深度	进给次数	工步工时	
			r/min	m/min	mm/r	mm		机动	辅助
2	切断第二件	平口钳	37.5	12	手动	30			
3	切断第三件	平口钳	37.5	12	手动	30			
4	切断第四件	平口钳	37.5	12	手动	30			

设计（日期）	校对（日期）	审核（日期）	标准化（日期）	会签（日期）

1. 本任务采用三面刃铣刀进行阶台的铣削加工，铣刀的直径为 100 mm，主轴转速 $n=95$ r/min，刀具的齿数 $z=8$，铣刀宽度 $B=10$ mm。请计算切削速度、进给量（每分进给量 v_f、每转进给量 f、每齿进给量 $f_z=0.05$ mm/z）。

2. 本任务采用锯片铣刀进行工件切断的铣削加工，铣刀的直径为 100 mm，主轴转速 $n=37.5$ r/min，刀具的齿数 $z=30$，铣刀宽度 $B=3$ mm。请计算切削速度，验证工序卡里的数据。

3. 本任务采用钻头进行钻孔加工，钻头的直径为 12 mm，主轴转速 $n=235$ r/min，刀具的齿数 $z=2$。请计算切削速度。

学习活动3　T形螺母的加工

学习目标

1. 能按零件图样要求，测量毛坯是否有足够的加工余量。

2. 在加工过程中，能严格按照铣床操作规程操作铣床，按工步切削工件；根据切削状态调整切削用量，保证正常切削；适时检测，保证精度。

3. 能对加工误差进行分析，并通过调整机床提高加工精度。

4. 能按车间现场管理规定，正确放置零件。

5. 能按产品工艺流程和车间要求，进行产品交接并确认。

6. 能按车间规定，整理现场，保养机床。

7. 能按车间规定填写交接班记录。

8. 能按国家环保相关规定和车间要求，正确处置废油液等废弃物。

建议学时　8学时。

学习过程

一、填写领料单（表 3—3—1）并领取材料

表 3—3—1　　领料单

填表日期：　年　月　日　　　　发料日期：　年　月　日

<table>
<tr><td>领料部门</td><td></td><td>产品名称及数量</td><td colspan="4"></td></tr>
<tr><td>领料单号</td><td></td><td>零件名称及数量</td><td colspan="4"></td></tr>
<tr><td rowspan="2">材料名称</td><td rowspan="2">材料规格及型号</td><td rowspan="2">单位</td><td colspan="2">数量</td><td rowspan="2">单价</td><td rowspan="2">总价</td></tr>
<tr><td>请领</td><td>实发</td></tr>
<tr><td></td><td></td><td></td><td></td><td></td><td></td><td></td></tr>
<tr><td>材料说明用途</td><td>材料仓库</td><td>主管</td><td>发料数量</td><td>领料部门</td><td>主管</td><td>领料数量</td></tr>
<tr><td></td><td></td><td></td><td></td><td></td><td></td><td></td></tr>
</table>

二、填写工量具清单（表 3—3—2）并领取工量具

表 3—3—2　　工量具清单

序号	工量具名称	规格	数量	需领用

三、进行加工

在实训场地按照表 3—3—3 操作过程的提示，完成 T 形螺母的加工。

表 3—3—3　　操作过程

<table>
<tr><th colspan="2">操作步骤</th><th>操作要点</th></tr>
<tr><td colspan="2">1. 加工前准备工作</td><td>按操作规程，加工零件前首先要检查各手柄的原始位置是否正常及各进给方向的停止挡铁是否在限位柱范围内，是否牢靠，然后完成机床润滑、预热等准备工作</td></tr>
<tr><td rowspan="3">2. T 形螺母外形加工</td><td>（1）选择和安装铣刀，并调整铣刀主轴转速、工作台进给量</td><td> 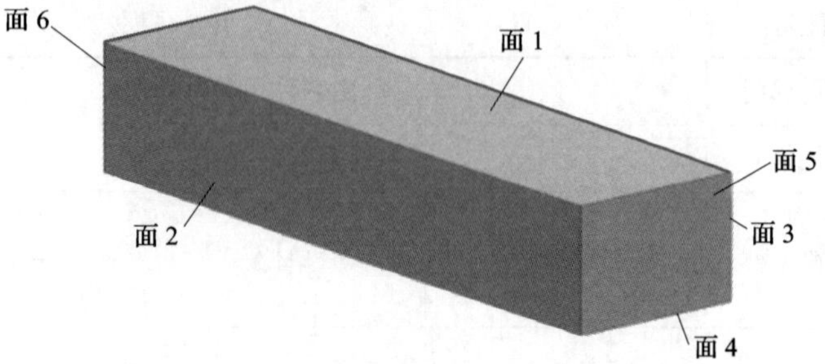面 6　面 1　面 5　面 2　面 3　面 4
1）根据毛坯尺寸，选择合适规格的端铣刀刀盘。由于毛坯尺寸为 155 mm×35 mm×35 mm，选择端铣刀刀盘直径为 80 mm。根据硬质合金铣刀切削普通钢件的切削速度要求，将主轴转速选择为 600 r/min。根据端铣刀刀头数量，结合每分进给量和主轴转速，将工作台进给量选择为 118 mm/min（2 把刀头）
2）将选择好的端铣刀安装到铣床上，并调整主轴转速至所选转速，进给量调至所选数值</td></tr>
<tr><td>（2）检查工件毛坯，确定各平面的铣削深度</td><td>根据毛坯尺寸 155 mm×35 mm×35 mm，工件加工尺寸 150 mm×28 mm×29 mm，确定加工面 1、面 4 时的加工余量为 3.5 mm，即铣削深度 a_p 为 3.5 mm，加工面 2、面 3 时的加工余量为 3 mm，即铣削深度 a_p 为 3 mm</td></tr>
<tr><td>（3）用平口钳装夹，完成各平面的铣削</td><td>1）用棉纱擦净平口钳底座结合面和铣床工作台表面。将平口钳紧固在工作台台面上，校正固定钳口与纵向进给方向垂直并达到规定要求
2）选择工件上一较平整的表面作为粗基准，靠向固定钳口，放入钳口调整好位置，加工出面 1。停车后，观察加工表面粗糙度，并用刀口尺检验工件平面度，合格后，卸下工件，用锉刀去除毛刺
3）将工件面 1 靠向固定钳口，放入钳口调整好位置，加工各垂直面、平行面。每次加工停车后，观察加工表面粗糙度，并用刀口尺检验工件</td></tr>
</table>

续表

<table>
<tr><th colspan="2">操作步骤</th><th>操作要点</th></tr>
<tr><td></td><td></td><td>平面度，用深度游标卡尺检查尺寸情况，合格后卸下工件，用锉刀去除毛刺。然后用 90°角尺检查垂直度，用千分尺检查尺寸情况。若各项技术要求合格，方可进行下一步工作
4）各表面加工完成后，用锉刀仔细去除毛刺，综合检验各项技术要求。合格后进行下一步工作</td></tr>
<tr><td colspan="2">3. 阶台的铣削</td><td>（1）铣削台阶面时选用 ϕ100 mm 的三面刃铣刀，选择主轴转速为 95 r/min，进给量为 37. 5 mm/min
（2）将选择好的铣刀杆及铣刀等依次安装到铣床上，并调整主轴转速至所选转速，进给量调至所选数值
（3）将工件面 1 靠向固定钳口，辅助基准面放在合适的平行垫铁上，调整好工件位置并夹紧，用铜棒将工件轻轻敲实，直至用手不能晃动垫铁为合适。分别对刀调整加工两个阶台，在铣削第一个阶台时，需要计算并间接测量阶台宽度（间接保证对称度）。铣削第二个阶台时，用千分尺测量对称度及尺寸精度。若工件毛坯加工有缺陷，此时要认真选择加工面位置，将缺陷区域铣去。检查无误后，卸下工件，用锉刀仔细去除毛刺后，综合检验各项技术要求
注意：由于阶台深度较深，操作时要注意分粗、精加工，并严格按照操作规程进行，以免发生事故</td></tr>
<tr><td rowspan="2">4. 工件切断</td><td>（1）选择和安装铣刀，并调整铣刀主轴转速</td><td>根据板料尺寸，并参考装夹工件所用夹具情况，选择合适规格的锯片铣刀；根据锯片铣刀的规格尺寸选择合适的铣刀刀杆。将选择好的铣刀刀杆、锯片铣刀等依次安装到铣床上。调整主轴转速至所选转速
注意：安装铣刀和变速时要严格按照操作规程进行，以免发生事故</td></tr>
<tr><td>（2）用平口钳装夹，完成工件的切断</td><td>1）用平口钳装夹工件，装夹工件时，将条料端部伸出钳口端约 45 ~ 50 mm，从工件外端面对刀，并移动横向工作台一个铣刀厚度加工件厚度的距离，将横向进给紧固，切断工件
2）检查合格后，卸下工件去毛刺。由于毛坯件可以制作 4 件 T 形螺母，故需重新装夹 2 次进行以上工作（切断工件）。到第四件时，由于工件较短，可参照表 3—2—2 中的装夹方式进行装夹。调整对刀，进行切断加工。若各项技术要求合格，用锉刀仔细去除毛刺后，方可进行下一步工作</td></tr>
</table>

续表

<table>
<tr><th colspan="2">操作步骤</th><th>操作要点</th></tr>
<tr><td rowspan="2">5. 钻孔、攻螺纹</td><td>（1）选择和安装铣刀，并调整铣刀主轴转速</td><td>根据板料尺寸，并参考装夹工件所用夹具情况，选择合适规格的钻头；根据钻头的规格尺寸选择合适的刀套
将选择好的刀套、钻头等依次安装到铣床上，并调整主轴转速至所选转速
注意：安装铣刀和变速时要严格按照操作规程进行，以免发生事故</td></tr>
<tr><td>（2）用平口钳装夹，完成钻孔、攻螺纹加工</td><td>用平口钳装夹工件时，将工件上抬，距平口钳导轨面约 20 ~ 30 mm，以免在钻孔时钻伤平口钳。对刀试切调整位置，用游标卡尺测量孔的位置公差正确后，将纵向、横向进给紧固，钻削工件。检查合格后，换钻头对工件进行倒角，以便丝锥导正。手动攻螺纹，加工完毕检测合格后卸下工件，去毛刺，综合检查各项要求</td></tr>
<tr><td colspan="2">6. 加工后整理工作</td><td>加工完毕后，按照图样要求进行自检，正确放置零件，并进行产品交接确认；按照国家环保相关规定和车间要求整理现场，正确处置废油液等废弃物；按车间规定填写交接班记录（见附表 1）和设备日常保养记录卡（见附表 2）</td></tr>
</table>

学习活动 4　T 形螺母的测量及误差分析

学习目标

1. 能利用量具完成 T 形螺母各要素的直接和间接测量。

2. 能根据 T 形螺母的检测结果，分析误差产生的原因。

3. 能正确规范地使用工量具，并对其进行合理保养和维护。

4. 能根据检测结果正确填写检验报告单。

5. 能按检验室管理要求正确放置检验工量具。

建议学时　2 学时。

学习过程

一、检测工件

对工件进行检测，并将结果填写在表 3—4—1 中。

表 3—4—1　　测量结果表

序号	检测内容	检测项目	分值	自测结果	得分	教师检测结果	得分
1	主要尺寸	$28_{-0.06}^{0}$ mm	6				
2		$29_{-0.06}^{0}$ mm	6				
3		150 ± 0.06 mm	6				
4		$35_{-0.10}^{0}$ mm	8				
5		$17.5_{-0.08}^{0}$ mm	8				

续表

序号	检测内容	检测项目	分值	自测结果	得分	教师检测结果	得分
6		$11_{-0.10}^{0}$ mm	6				
7		17.50 mm	4				
8		M14	8				
9	几何公差与表面质量	垂直度 0.04 mm（2 处）	12				
10		平行度 0.04 mm	8				
11		对称度 0.06 mm	8				
12		表面粗糙度 *Ra* 6.3 μm	10				
13	设备及工量刃具的使用维护	工量刃具的合理使用与保养	2				
		正确进行铣床的操作	2				
		正确进行铣床的润滑	1				
		正确进行铣床的保养	2				
14	安全文明生产	正确执行安全技术操作规程	2				
		正确穿戴工作服	1				
总分							
教师总评意见							

二、误差分析

根据检测结果进行误差分析，将分析结果填写在表 3—4—2 中。

表 3—4—2　误差分析表

测量内容		零件名称	
测量工具和仪器		测量人员	
班　　级		日　　期	

一、测量目的：

二、测量步骤：

三、测量要领：

四、结论（误差分析）：

质量问题	产生原因	修正措施
外形尺寸误差		
几何公差误差		
表面粗糙度误差		
其他误差		

学习活动5 总 结 评 价

学习目标

1. 能通过交流讨论等方式较全面规范地撰写总结，内容详实。

2. 能按分组情况，分别派代表展示工作成果，说明本次任务的完成情况，并作分析总结。

3. 能就本次任务中出现的问题提出改进措施。

4. 能对学习与工作进行反思，并能与他人开展良好合作，进行有效的沟通。

建议学时 2学时。

学习过程

一、个人、小组评价

把个人制作好的T形螺母先进行分组展示，再由小组推荐代表作必要的介绍。在展示的过程中，以小组为单位进行评价；评价完成后，根据其他小组成员对本组展示成果的评价意见进行归纳总结。完成如下项目：

（1）展示的T形螺母符合技术标准吗？

合格□ 不良□ 返修□ 报废□

（2）与其他小组相比，你认为本小组的T形螺母工艺：

工艺优化□ 工艺合理□ 工艺一般□

（3）本小组介绍成果表达是否清晰？

很好□ 一般，常补充□ 不清晰□

（4）本小组演示的T形螺母检测方法操作正确吗?

正确□　　部分正确□　　不正确□

（5）本小组演示操作时遵循了“6S”的工作要求吗?

符合工作要求□　　忽略了部分要求□　　完全没有遵循□

（6）本小组的成员团队创新精神如何?

良好□　　一般□　　不足□

自评总结（心得体会）

二、教师评价

教师对展示的作品分别作评价。

（1）找出各组的优点进行点评。

（2）对展示过程中各组的缺点进行点评，提出改进方法。

（3）对整个任务完成中出现的亮点和不足进行点评。

学习任务三评价表

班级：________ 姓名：________ 学号：________

项目	自我评价			小组评价			教师评价		
	10 ~ 9	8 ~ 6	5 ~ 1	10 ~ 9	8 ~ 6	5 ~ 1	10 ~ 9	8 ~ 6	5 ~ 1
	占总评 10%			占总评 30%			占总评 60%		
学习活动 1									
学习活动 2									
学习活动 3									
学习活动 4									
学习活动 5									
协作精神									
纪律观念									
表达能力									
工作态度									
任务总体表现									
小计									
总评									

任课教师：________ 年 月 日

学习任务四　压板的铣削

学习目标

1. 能独立阅读生产任务单，明确工时、加工数量等要求，说出所加工零件的用途、功能和分类。

2. 能识读图样和工艺卡，明确加工技术要求和加工工艺。

3. 能查阅资料确定立铣刀、端铣刀切削用量。

4. 能利用多种方法及刀具加工斜面。

5. 能利用立铣刀对直角沟槽进行铣削加工。

6. 能按零件图样要求，测量毛坯外形尺寸，判断毛坯是否有足够的加工余量。

7. 在加工过程中，能严格按照铣床操作规程操作铣床，按工步铣削工件；根据切削状态调整切削用量，保证正常切削；适时检测，保证精度。

8. 能对加工误差进行分析，并通过调整机床提高加工精度。

9. 能按车间现场管理规定，正确放置零件。

10. 能按产品工艺流程和车间要求，进行产品交接并确认。

11. 能按车间规定，整理现场，保养机床，填写保养记录。

12. 能按车间规定填写交接班记录。

13. 能按国家环保相关规定和车间要求，正确处置废油液等废弃物。

14. 能主动获取有效信息，展示工作成果，对学习与工作进行总结反思，能与他人合作，进行有效沟通。

20 学时。

工作情境描述

某企业加工零件时，需要特制一批夹具，该批夹具中的压板数量为 50 件，业务部门将图样交予我车间，要求交货期为 5 天，材料由客户提供。现车间安排我铣工组完成此加工任务。

工作流程与活动

1. 领取工作任务，明确加工内容（4 学时）
2. 制定压板的加工工艺（4 学时）
3. 压板的加工（8 学时）
4. 压板的测量及误差分析（2 学时）
5. 总结评价（2 学时）

学习活动1　领取工作任务，明确加工内容

学习目标

1. 能独立阅读生产任务单，明确工时、加工数量等要求，说出所加工零件的用途、功能和分类。

2. 能识读图样和工艺卡，明确加工技术要求和加工工艺。

3. 能根据现场条件，查阅相关资料，确定符合加工技术要求的工、夹、量具。

建议学时　4学时。

学习过程

领取压板的生产任务单、零件图样、工艺卡，明确本次加工任务的内容。

一、阅读生产任务单（表4—1—1）

表4—1—1　　生产任务单

需方单位名称				完成日期	年　月　日	
序号	产品名称	材料	数量	技术标准、质量要求		
1	压板	45钢	50件	按图样要求		
2						
3						
4						
生产批准时间		年 月 日	批准人			
通知任务时间		年 月 日	发单人			
接单时间		年 月 日	接单人		生产班组	铣工组

1．本生产任务需要加工的零件名称为：________；材料：______；加工数量：____。

2．本生产任务加工周期为 5 天，你准备如何分配任务完成零件的加工？

3．图 4—1—1 所示是一些常用的压板零件，请查阅资料，写出压板常用哪些材料制造，适用于哪些场合。

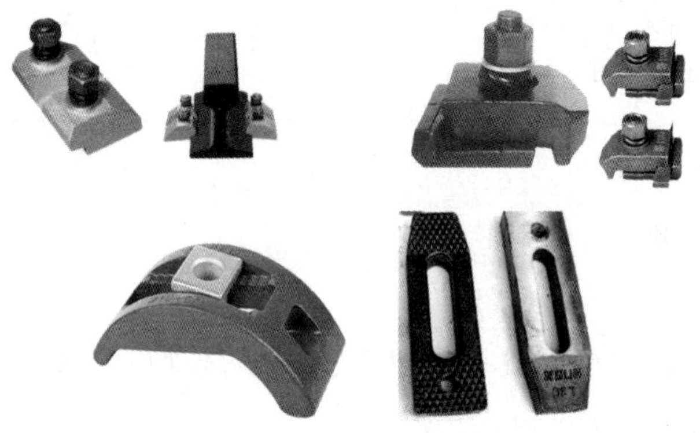

图 4—1—1　压板

二、分析零件图（图 4—1—2）

1．写出零件图中以下几何公差的具体含义。

[// | 0.06 | A]：

[⊥ | 0.05 | A]：

[// | 0.05 | B]：

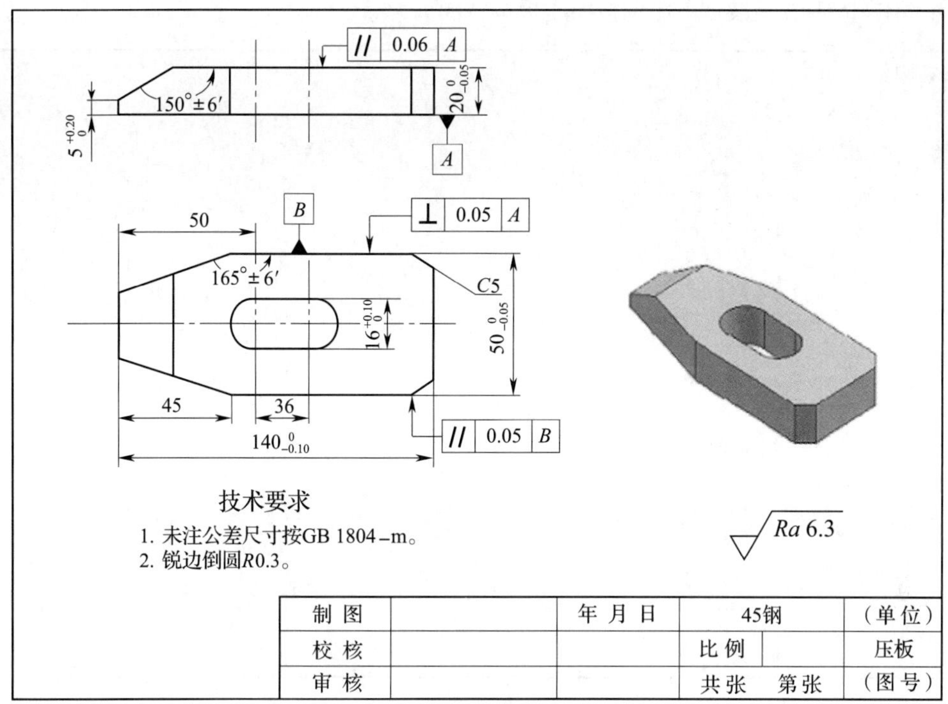

图 4—1—2　压板零件图

2．斜面是指工件上相对基准平面倾斜的平面，即与基准平面相交成所需角度的平面。该零件图有哪些斜面？采用了什么标注方法？

3．该零件图哪些尺寸具有公差要求？请列举。

4. 请在以下位置按 1∶1 比例抄绘压板零件图。

三、识读工艺卡（表 4—1—2）

表 4—1—2　　压板加工工艺卡

<table>
<tr><td rowspan="2">单位名称</td><td rowspan="2"></td><td colspan="3">产品名称</td><td colspan="2">压板</td><td>图号</td><td>4—1—2</td></tr>
<tr><td colspan="3">零件名称</td><td>压板</td><td>数量</td><td>1</td><td>第 1 页</td></tr>
<tr><td>材料种类</td><td>棒料</td><td>材料牌号</td><td colspan="2">45 钢</td><td>毛坯尺寸</td><td colspan="2">ϕ50 mm × 145 mm</td><td>共 1 页</td></tr>
<tr><td rowspan="2">工序号</td><td rowspan="2">工序内容</td><td rowspan="2">车间</td><td rowspan="2">设备</td><td colspan="3">工具</td><td rowspan="2">计划工时</td><td rowspan="2">实际工时</td></tr>
<tr><td>夹具</td><td>量具</td><td>刃具</td></tr>
<tr><td>1</td><td>毛坯下料</td><td>准备</td><td>锯床</td><td>平口钳</td><td>钢直尺</td><td>锯条</td><td></td><td></td></tr>
<tr><td>2</td><td>粗、精铣六面体</td><td>铣工</td><td>X5032</td><td>平口钳</td><td>千分尺、游标卡尺 90°角尺、塞尺</td><td>端铣刀</td><td></td><td></td></tr>
<tr><td>3</td><td>铣 165°斜面</td><td>铣工</td><td>X5032</td><td>平口钳</td><td>千分尺、游标卡尺、游标万能角度尺</td><td>立铣刀</td><td></td><td></td></tr>
</table>

续表

工序号	工序内容	车间	设备	工具			计划工时	实际工时
				夹具	量具	刃具		
4	铣 150°斜面	铣工	X5032	平口钳	千分尺、游标卡尺、游标万能角度尺	端铣刀		
5	铣斜面 $C5$	铣工	X5032	平口钳	游标卡尺、游标万能角度尺	立铣刀		
6	铣直角沟槽	铣工	X5032	平口钳	千分尺、游标卡尺、塞规	钻头、立铣刀		

更改号		拟定	校正	审核	批准
更改者					
日期					

1. 在压板的加工中，需要在铣床上完成的是哪几个工序?

2. 从工艺卡中可以看到，本次加工中斜面的检测用到游标万能角度尺。

（1）如图 4—1—3 所示为游标万能角度尺的结构，请写出各组成部分的名称。

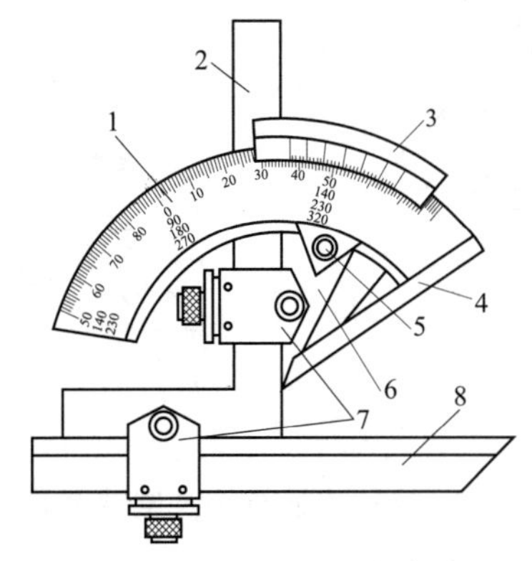

图 4—1—3　游标万能角度尺

1—__________　2—__________　3—__________　4—__________

5—__________　6—__________　7—__________　8—__________

（2）游标万能角度尺的测量精度有哪两种？结合图 4—1—4，叙述其刻线原理。

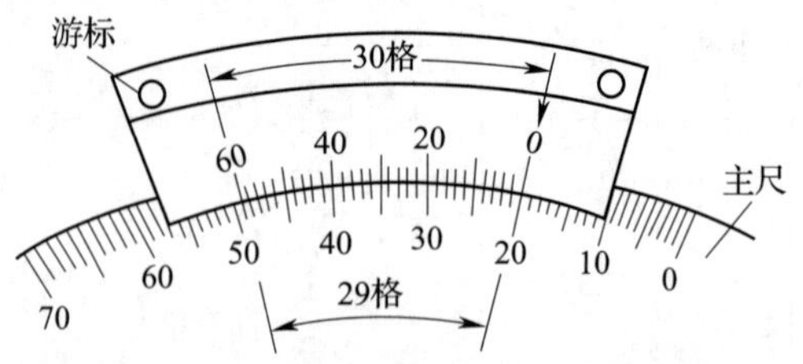

图 4—1—4　2′游标万能角度尺的刻线原理

（3）斜面角度不同，测量时应根据斜面的角度来调整游标万能角度尺的组件以适应角度的测量，请写出如图 4—1—5 所示各段的测量范围。并写出每个测量段都使用了哪些组件。

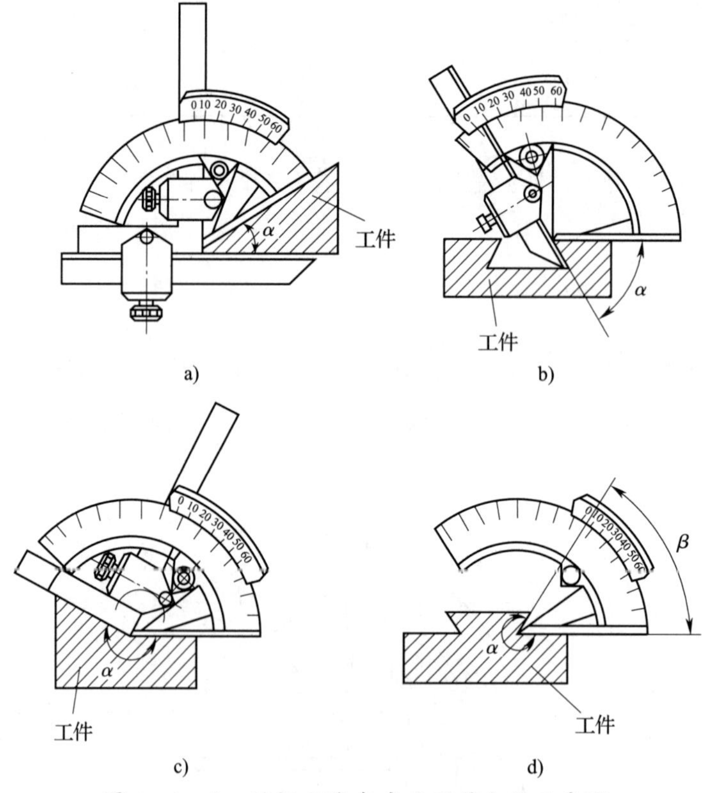

图 4—1—5　游标万能角度尺测量分段示意图

学习活动 2　制定压板的加工工艺

学习目标

1. 能叙述铣削斜面的方法，制定压板中斜面的加工步骤。

2. 能叙述铣削直角沟槽的方法，制定压板中直角沟槽的加工步骤。

3. 能综合考虑零件材料、刀具材料、加工性质、机床特性等因素，查阅切削手册，确定切削三要素中的切削速度、进给量和切削深度，并能运用公式计算转速和进给量。

建议学时　4 学时。

学习过程

一、制定加工步骤

（一）六面体的铣削

1. 依据平行垫铁、T 形螺母的加工经验，填写六面体各个面的加工顺序。

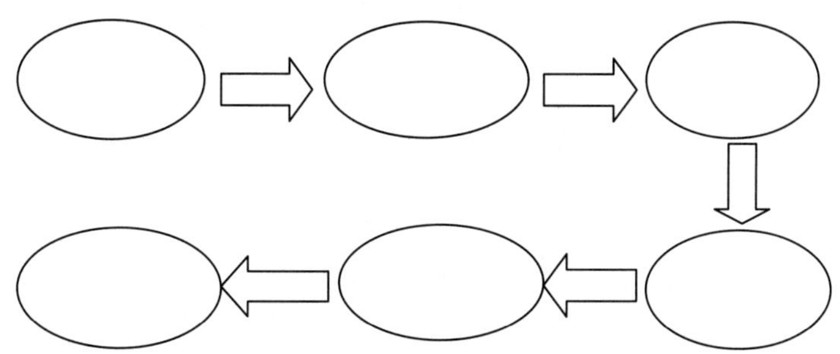

2. 根据图样，以小组为单位选择工、夹、量、刃具，并制定压板外形铣削加工（图4—2—1）步骤。

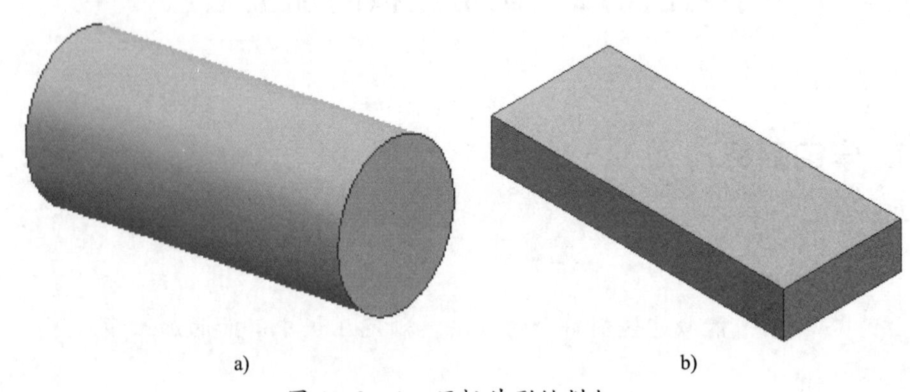

图 4—2—1 压板外形铣削加工

a）压板毛坯 b）压板外形

（二）斜面的铣削

1. 斜面加工前要对压板零件进行划线，根据图样请计算压板斜面坐标尺寸，并叙述在工件上划线的步骤。

2. 通过查阅资料，请写出铣削斜面时，工件、机床、刀具之间的关系必须满足的两个条件。

3. 阅读表 4—2—1 采用倾斜工件法装夹工件操作要点比较，填写相关内容。

表 4—2—1　采用倾斜工件法装夹工件操作要点比较

安装方法	操作要点	图示
1	在立式或卧式铣床上，铣刀无法实现转动角度的情况下，可以将工件______所需角度安装进行斜面铣削 在________生产中，常采用划线校正工件的装夹方法来实现斜面的铣削	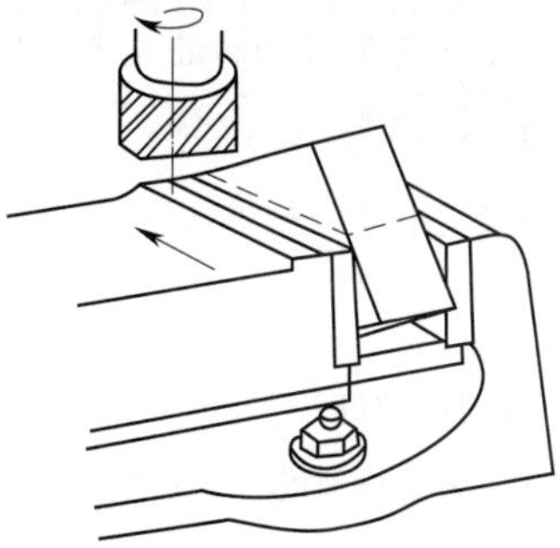
2	利用________装夹工件加工斜面	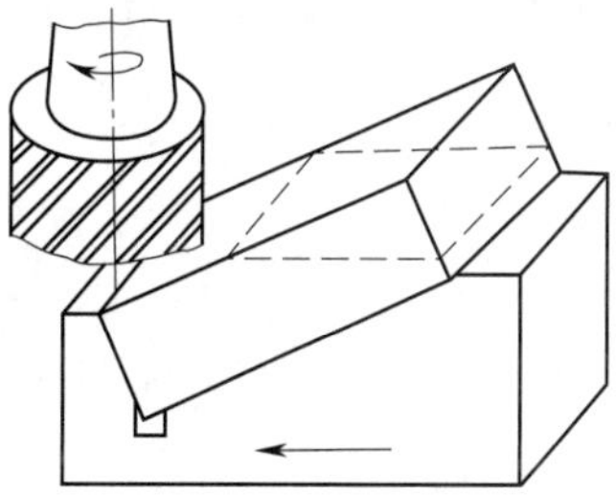
3	利用平口钳钳体________所夹工件的角度也可实现斜面的铣削。安装平口钳时必须要校正固定钳口与主轴轴线的垂直度或______（卧式铣床），也可校正固定钳口与工作台纵向进给方向的________或平行度，然后再按角度要求将钳体转到______上的相应位置，就可以铣削所要的斜面	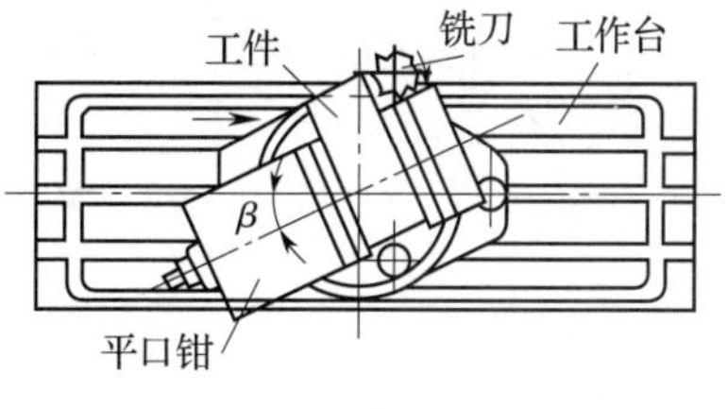 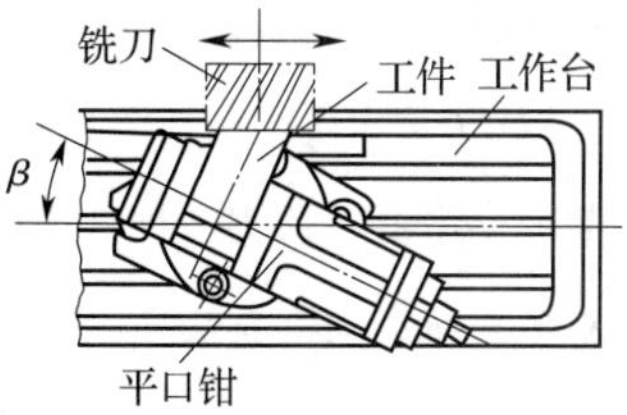 工件 铣刀 工作台 β 平口钳 a) 铣刀 工件 工作台 β 平口钳 b)

4. 阅读表 4—2—2 采用倾斜立铣头法装夹工件操作要点比较，填写相关内容。

表 4—2—2　　　　采用倾斜立铣头法装夹工件操作要点比较

安装方法	操作要点	图　示
1	在立铣头可偏转的立式铣床、装有立铣头的卧式铣床、万能工具铣床上均可将端铣刀、立铣刀按要求偏转一定角度。当基准面 *A* 与工作台面平行时，采用刀具端面刃铣削斜面，如右图所示，a 图为铣床生产实例图，b 图为简图，图中 α 角为工件斜面的倾斜角。请写出立铣头所扳转角度 α = ____	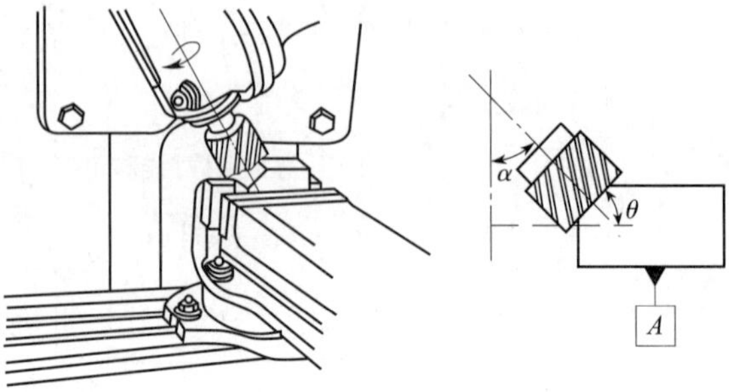 a)　b)
2	当基准面 *A* 与工作台面平行时，采用圆周刃铣削斜面，如右图所示，a 图为铣床生产实例图，b 图为简图，图中 α 角为工件斜面的倾斜角。请写出立铣头所扳转角度 α = ____	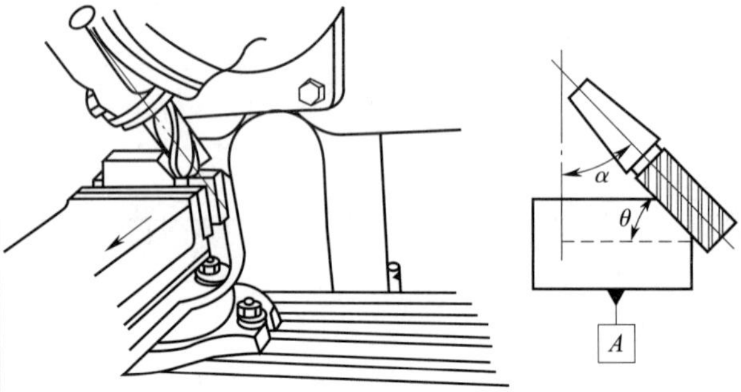 a)　b)
3	当基准面 *A* 与工作台面垂直时，采用圆周刃铣削斜面，如右图所示，a 图为铣床生产实例图，b 图为简图，图中 β 角为工件斜面的倾斜角。请写出立铣头所扳转角度 β = ____	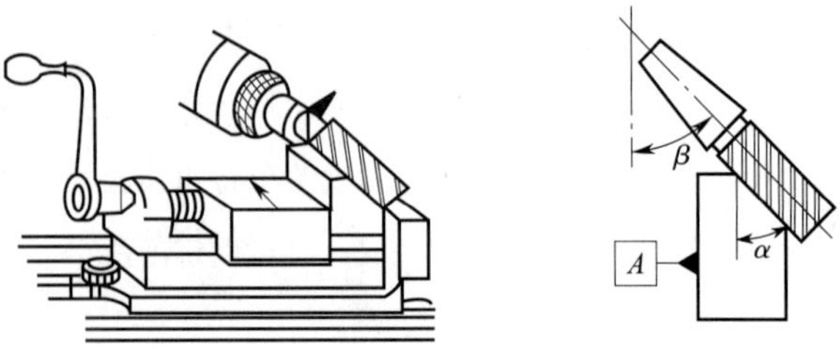 a)　b)

续表

安装方法	操作要点	图　示
4	当基准面 A 与工作台面垂直时，采用刀具端面刃铣削斜面，如右图所示，a 图为铣床生产实例图，b 为简图，图中 β 角为工件斜面的倾斜角。请写出立铣头所扳转角度 β = ____	a)　b)

5．如果选择用角度铣刀铣削斜面，请写出其适用范围。如果采用两把单角铣刀铣削对称斜面，应怎样选择单角铣刀（图 4—2—2）？

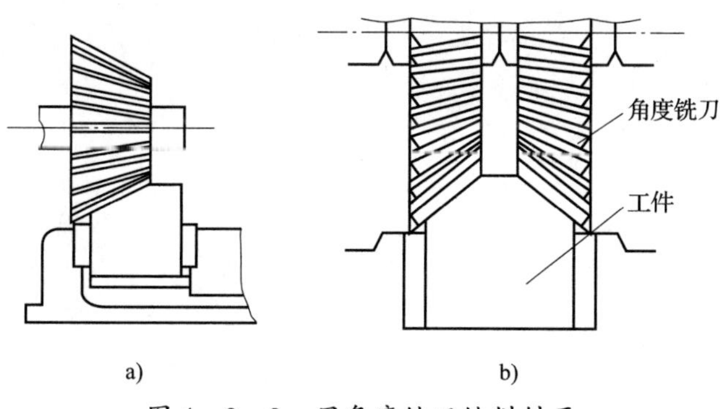

图 4—2—2　用角度铣刀铣削斜面

6. 如果选择端铣刀采用划线的方式铣削斜面，请写出压板零件安装、调整及铣削加工过程（图4—2—3、图4—2—4）。

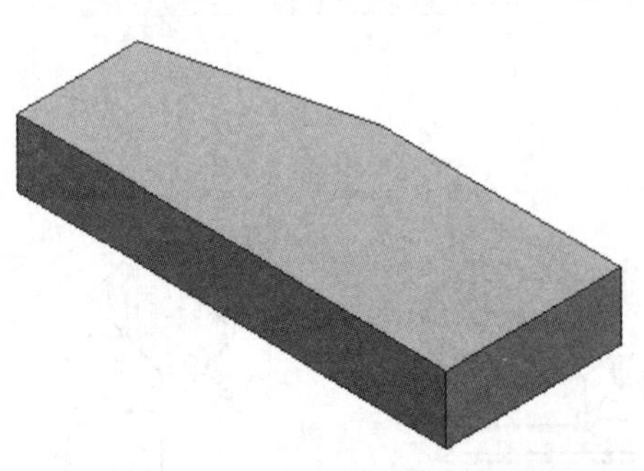

图4—2—3 用端铣刀铣削压板斜面

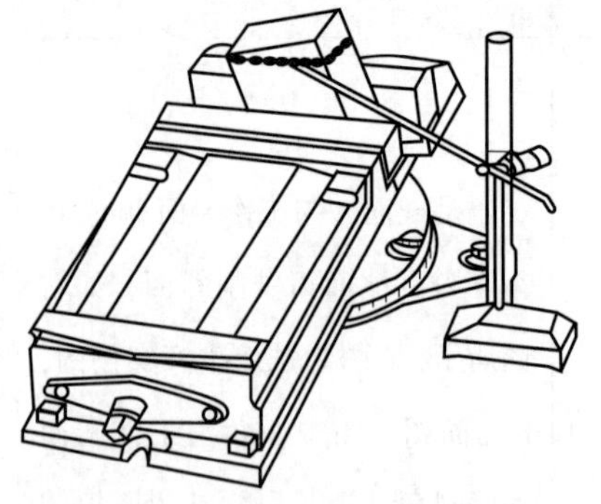

图4—2—4 校正划线加工示意图

7. 请阐述6题中的测量过程。

8. 如果图样中角度公差为165°±6′，实际测量值为165°40′，请确定它的值是否在公差允许的范围内（图4—2—5）。

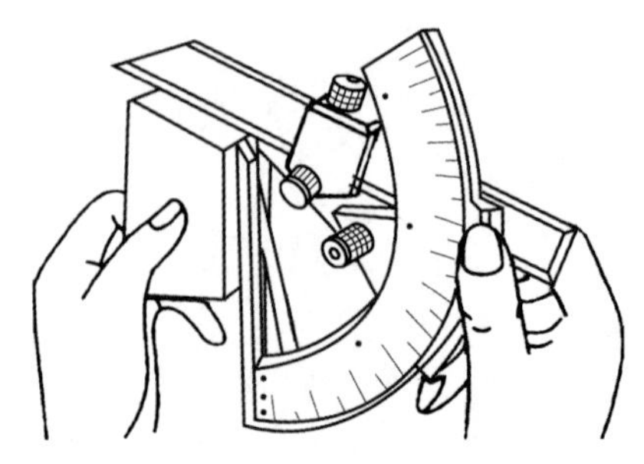

图4—2—5 用游标万能角度尺测量斜面角度

9．请分析产生这种加工误差的原因。

10．请阐述在实际操作过程中修正角度误差具体的操作过程。

11．请写出压板斜面角度控制正确后，控制尺寸 45 mm 的加工过程。

12．压板另一个165°斜面的铣削操作方法和上面的操作相同，如图4—2—6所示。通过前面的操作，请分析斜面铣削采用哪种铣削方法得到的工件质量和加工效率最高。

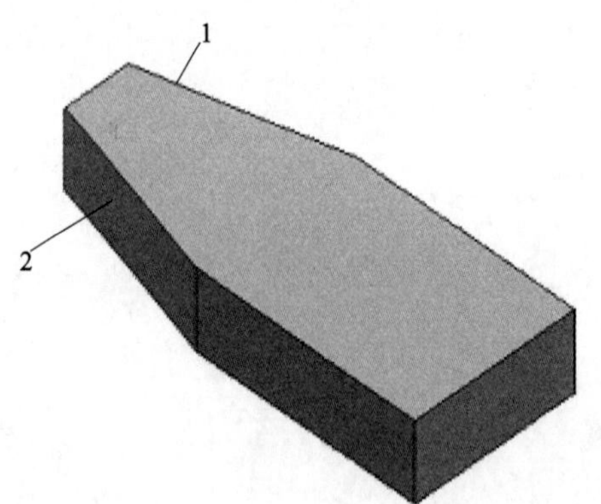

图4—2—6　压板另一个165°斜面的铣削

13．如图4—2—7所示，如果150°斜面采用倾斜立铣头方法铣削加工，立铣头应倾斜多少角度？采用平口钳装夹工件，压板的哪个面应贴合固定钳口？

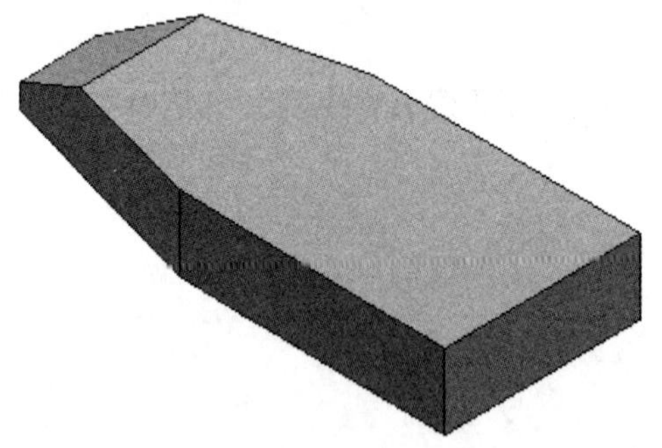

图4—2—7　采用倾斜立铣头的方法铣削压板斜面

14. 工件装夹后，对刀调整切削深度开始铣削（粗加工），斜面标注尺寸 $5^{+0.20}_{0}$ mm 余量在 2 ~ 3 mm（尺寸 7 ~ 8 mm）时，进行角度检测，请写出其测量过程。

15. 如果角度尺寸超差，请分析产生这种加工误差的原因。

16. 请阐述在实际操作过程中消除角度误差具体的操作过程。

17. 如图 4—2—8 所示，压板另外两个 *C*5 斜面采用以上哪种加工方式加工效率最高?

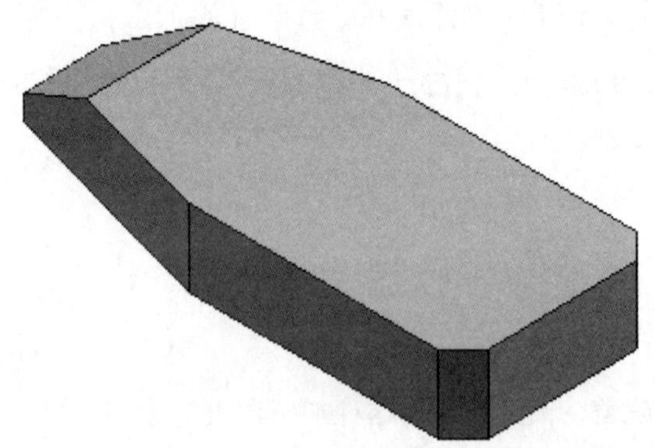

图 4—2—8　铣削压板 *C*5 斜面

18. 根据加工过程并查阅资料，阐述加工斜面时的注意事项。

（三）直角沟槽的铣削

1. 如果采用立铣刀铣削直角沟槽，由于立铣刀中心部分没有切削刃，故需在工件上先钻一落刀孔（图 4—2—9），根据压板图样请写出预钻孔的孔径范围。

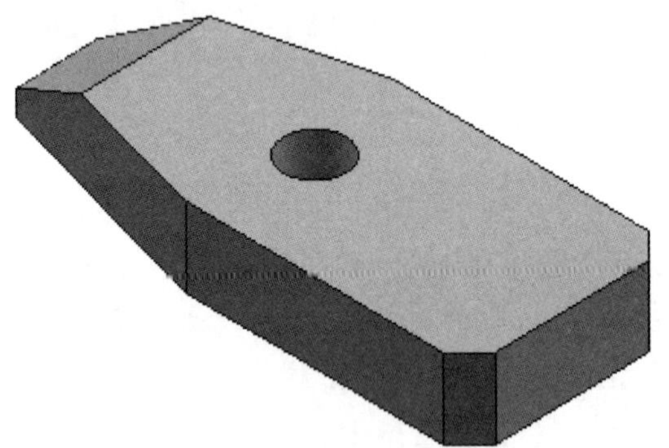

图 4—2—9　在压板上钻孔

2．由于压板沟槽宽度有公差要求，故应选用直径小于沟槽宽度的立铣刀，请写出应选择直径多大的立铣刀。

3．压板直角沟槽的尺寸为：定位尺寸 50 mm、长度尺寸 36 mm、键宽 $16^{+0.10}_{0}$ mm，且直角沟槽对称于工件中心。如图 4—2—10 所示，请阐述压板直角沟槽的粗加工过程（各个尺寸余量应为 1 ~ 2 mm）并填写图 4—2—11 空格处的内容。

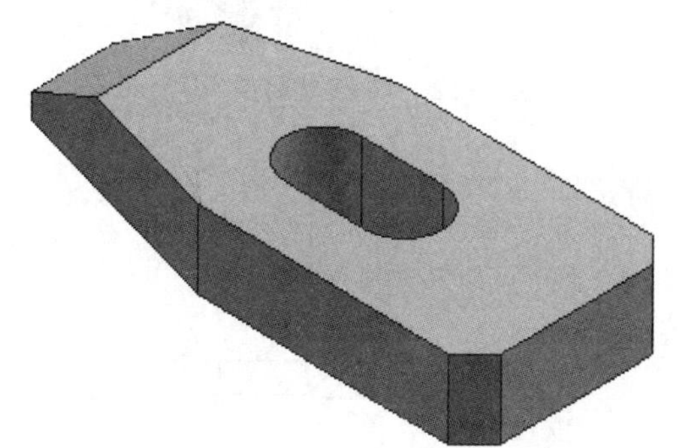

图 4—2—10　压板直角沟槽粗加工

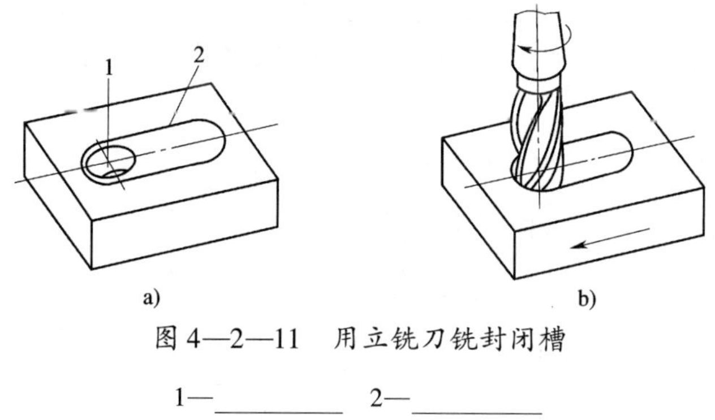

图 4—2—11　用立铣刀铣封闭槽

1—__________　2—__________

4. 如图4—2—12、图4—2—13、图4—2—14所示，试比较采用扩刀铣削法和分层铣削法铣削压板直角沟槽的精加工过程。

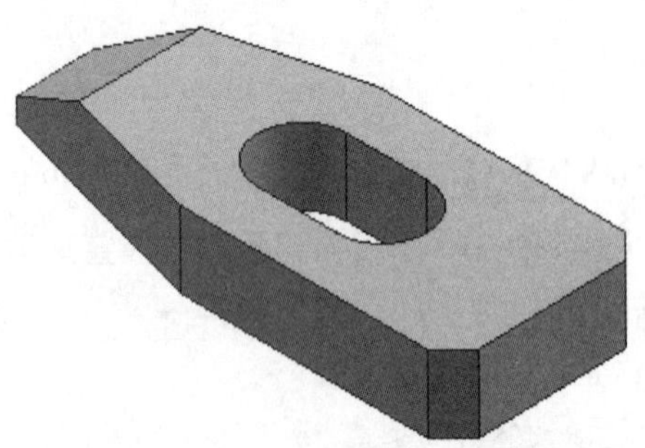

图4—2—12　压板直角沟槽精加工

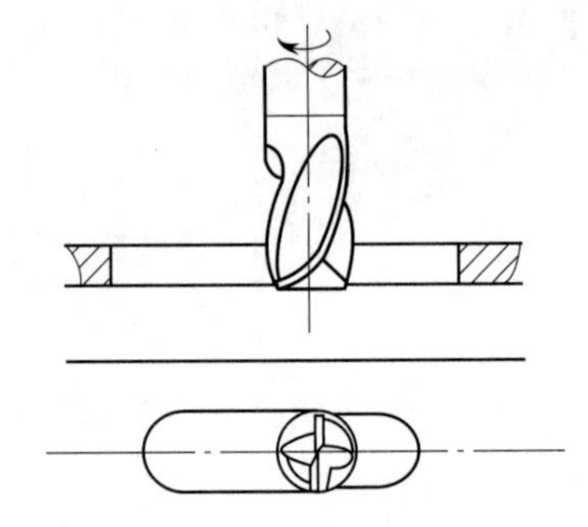

图4—2—13　扩刀铣削法示意图

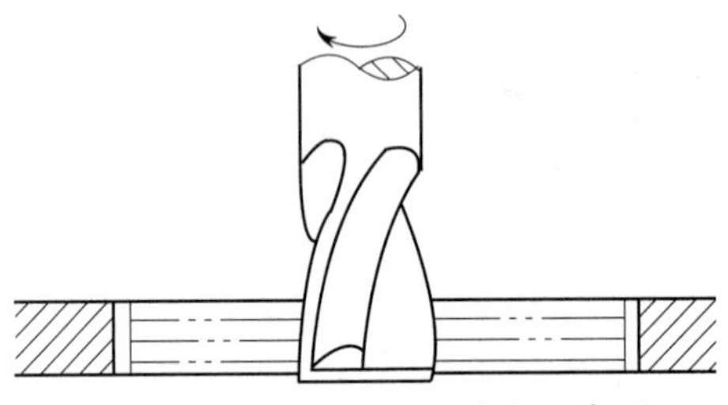

图4—2—14　分层铣削法示意图

5. 如果实际测量值超差，请分析产生这种加工误差的原因。

6. 请阐述在实际操作过程中消除尺寸误差具体的操作过程。

7. 根据加工过程并查阅资料，阐述加工直角沟槽时的注意事项。

二、识读工序卡

表 4—2—3 为压板加工中铣 165°斜面工序的工序卡。其他工序的工序卡可参照表 4—2—3 制定。

表 4—2—3　　压板加工工序卡

压板加工工序卡	产品型号		零件图号	4—1—2		
	产品名称	压板	零件名称	压板	共 1 页	第 页

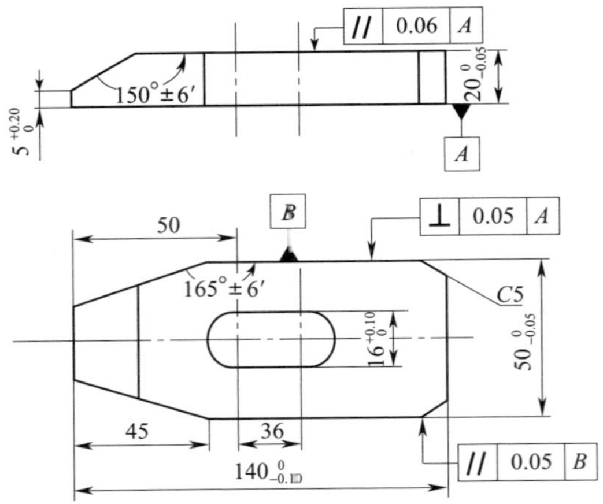

车间	工序号	工序名称	材料牌号
铣工	3	铣 165°斜面	
毛坯种类	毛坯外形尺寸	每毛坯可制件数	每台件数
矩形料	140 mm × 50 mm × 20 mm	1	
设备名称	设备型号	设备编号	同时加工件数
立式铣床	X5032	3	

夹具编号	夹具名称	切削液	
03	平口钳		
工位器具编号	工位器具名称	工序工时（分）	
		准终	单件

技术要求

1. 未注公差尺寸按GB 1804–m。
2. 锐边倒圆$R0.3$。

Ra 6.3

工步号	工步内容	工艺装备	主轴转速	切削速度	进给量	切削深度	进给次数	工步工时	
			r/min	m/min	mm/min	mm		机动	辅助
1	粗铣斜面	平口钳	375	35	75	10	多次		

续表

工步号	工步内容	工艺装备	主轴转速	切削速度	进给量	切削深度	进给次数	工步工时	
			r/min	m/min	mm/min	mm		机动	辅助
2	精铣斜面	平口钳	375	35	75	1.6	多次		

设计（日期）	校对（日期）	审核（日期）	标准化（日期）	会签（日期）

4-2-16 零件普通铣床加工（一）

本任务采用立铣刀进行斜面的铣削加工，设铣刀的直径为 30 mm，主轴转速 $n=375$ r/min，刀具的齿数 $z=4$。请通过查阅相关资料计算切削速度、进给量（每分进给量 v_f、每转进给量 f、每齿进给量 $f_z=0.05$ mm/r），验证工艺卡里的数据。

学习活动3　压板的加工

学习目标

1. 能按零件图样要求，测量毛坯外形尺寸，判断毛坯是否有足够的加工余量。

2. 在加工过程中，能严格按照铣床操作规程操作铣床，按工步铣削压板；根据切削状态调整切削用量，保证正常切削；适时检测，保证精度。

3. 能对加工误差进行分析，并通过调整机床提高加工精度。

4. 能按车间现场管理规定，正确放置零件。

5. 能按产品工艺流程和车间要求，进行产品交接并确认。

6. 能按车间规定，整理现场，保养机床，填写保养记录。

7. 能按车间规定填写交接班记录。

8. 能按国家环保相关规定和车间要求，正确处置废油液等废弃物。

建议学时　8学时。

学习过程

一、填写领料单（表4—3—1）并领取材料

表4—3—1 领料单

填表日期： 年 月 日 发料日期： 年 月 日

领料部门		产品名称及数量				
领料单号		零件名称及数量				
材料名称	材料规格及型号	单位	数量		单价	总价
			请领	实发		
材料说明用途	材料仓库	主管	发料数量	领料部门	主管	领料数量

二、填写工量具清单（表4—3—2）并领取工量具

表4—3—2 工量具清单

序号	工量具名称	规格	数量	需领用

三、进行加工

在实训场地按照表4—3—3操作过程的提示，完成压板的加工。

表 4—3—3　　操作过程

操作步骤	操作要点
1. 加工前准备工作	按操作规程，加工零件前首先要检查各手柄的原始位置是否正常及各进给方向的停止挡铁是否在限位柱范围内，是否牢靠，然后完成机床润滑、预热等准备工作
2. 压板外形加工	选择和安装铣刀，并调整铣刀主轴转速、工作台进给量 根据毛坯尺寸，选择合适规格的端铣刀刀盘，并调整主轴转速至所选转速，进给量调至所选数值。检查工件毛坯，确定各平面的铣削深度。用平口钳装夹，完成各平面的铣削工作
3. 斜面的铣削	（1）铣削斜面时选用 ϕ30 mm 的立铣刀，主轴转速选择为 375 r/min，进给量选择为 75 mm/min。将工件放入钳口，调整好位置并轻轻夹紧，用划针盘按侧面划线校正，合适后夹紧工件。移动横向工作台，调整铣刀位置，对刀，移距，分粗、精铣先铣出 165°的斜面，并注意保证尺寸 45 mm。用游标万能角度尺及游标卡尺检查无误后，拆下工件，用锉刀去除毛刺。再将底面紧贴固定钳口，以底面划线校正装夹，以同样的方法分别铣出另一侧 165°的斜面，并保证尺寸 45 mm。用游标万能角度尺及游标卡尺检查无误后，拆下工件，用锉刀去除毛刺 （2）换 ϕ80 mm 端铣刀，用平口钳装夹工件，将侧面紧贴固定钳口，以侧面划线校正装夹，以同样的方法铣出 150°的斜面，并保证尺寸 $5^{+0.20}_{0}$ mm （3）用平口钳装夹工件，铣削两处 $C5$ 斜面。用百分表校正平口钳钳口与纵向进给方向平行。将立铣头倾斜 45°并锁紧。将工件装夹，调整好位置，校正工件的侧面与平口钳钳体导轨面垂直，合适后夹紧工件。移动工作台，调整铣刀位置，对刀，根据划线上升工作台，自动进给，分别用立铣刀的圆周刃和端面刃铣削出两斜面。按划线检查无误后，拆下工件，用锉刀去除毛刺
4. 直角沟槽的铣削	用平口钳装夹工件，铣削 52 mm × 16 mm 封闭槽。换 ϕ12 ~ 14 mm 的锥柄麻花钻头，将工件装夹在平口钳内。移动工作台，调整麻花钻头位置，对刀，钻落刀孔，下降升降台，换上 ϕ16 mm 的锥柄立铣刀，分层铣削完成 52 mm × 16 mm 封闭槽，并注意保证槽宽 $16^{+0.10}_{0}$ mm、槽长 52 mm、定位尺寸 42（50 − 8）mm 等尺寸。检查无误后，拆下工件，用锉刀去除毛刺

续表

操作步骤	操作要点
5. 加工后整理工作	加工完毕后，按照图样要求进行自检，正确放置零件，并进行产品交接确认；按照国家环保相关规定和车间要求，整理现场，正确处置废油液等废弃物；按车间规定填写交接班记录（见附表1）和设备日常保养记录卡（见附表2）

学习活动 4　压板的测量及误差分析

学习目标

1. 能利用量具完成压板各要素的直接和间接测量。

2. 能根据压板的检测结果，分析误差产生的原因。

3. 能正确规范地使用工量具，并对其进行合理保养和维护。

4. 能根据检测结果正确填写检验报告单。

5. 能按检验室管理要求正确放置检验工量具。

建议学时　2 学时。

学习过程

一、检测工件

对工件进行检测，并将结果填写在表 4—4—1 中。

表 4—4—1　　检测结果表

序号	检测内容	检测项目	分值	自测结果	得分	教师检测结果	得分
1	主要尺寸	$140_{-0.10}^{0}$ mm	7				
2		$20_{-0.05}^{0}$ mm	7				
3		$50_{-0.05}^{0}$ mm	7				
4		165° ±6′（2 处）	14				
5		45 mm	3				

续表

序号	检测内容	检测项目	分值	自测结果	得分	教师检测结果	得分
6	主要尺寸	150°±6′	7				
7		$5^{+0.20}_{0}$ mm	4				
8		*C*5（2处）	2				
9		50 mm	3				
10		36 mm	3				
11		$16^{+0.10}_{0}$ mm	8				
12	几何公差与表面质量	平行度0.06 mm	5				
13		垂直度0.05 mm	5				
14		平行度0.05 mm	5				
15		表面粗糙度 *Ra* 6.3 μm	10				
16	设备及工量刃具的使用维护	工量刃具的合理使用与保养	2				
		正确进行铣床的操作	2				
		正确进行铣床的润滑	1				
		正确进行铣床的保养	2				
17	安全文明生产	正确执行安全技术操作规程	2				
		正确穿戴工作服	1				
总分							
教师总评意见							

二、误差分析

根据检测结果进行误差分析，将分析结果填写在表 4—4—2 中。

表 4—4—2　　误差分析表

测量内容		零件名称	
测量工具和仪器		测量人员	
班　　级		日　　期	

一、测量目的：

二、测量步骤：

三、测量要领：

四、结论（误差分析）：

质量问题	产生原因	修正措施
外形尺寸误差		
几何公差误差		
表面粗糙度误差		
其他误差		

学习活动5　总 结 评 价

学习目标

1. 能通过交流讨论等方式较全面规范地撰写总结，内容详实。

2. 能按分组情况，分别派代表展示工作成果，说明本次任务的完成情况，并作分析总结。

3. 能就本次任务中出现的问题提出改进措施。

4. 能对学习与工作进行反思，并能与他人开展良好合作，进行有效的沟通。

建议学时　2学时。

学习过程

一、个人、小组评价

把个人制作好的压板先进行分组展示，再由小组推荐代表作必要的介绍。在展示的过程中，以小组为单位进行评价；评价完成后，根据其他小组成员对本组展示成果的评价意见进行归纳总结。完成如下项目：

（1）展示的压板符合技术标准吗？

合格□　　不良□　　返修□　　报废□

（2）与其他小组相比，你认为本小组的压板工艺：

工艺优化□　　工艺合理□　　工艺一般□

（3）本小组介绍成果表达是否清晰？

很好□　　一般，常补充□　　不清晰□

（4）本小组演示的压板检测方法操作正确吗?

正确□　　　部分正确□　　　不正确□

（5）本小组演示操作时遵循了“6S”的工作要求吗?

符合工作要求□　　忽略了部分要求□　　完全没有遵循 □

（6）本小组的成员团队创新精神如何?

良好□　　一般 □　　不足□

自评总结（心得体会）

二、教师评价

教师对展示的作品分别作评价。

（1）找出各组的优点进行点评。

（2）对展示过程中各组的缺点进行点评，提出改进方法。

（3）对整个任务完成中出现的亮点和不足进行点评。

学习任务四评价表

班级：________ 姓名：________ 学号：________

项目	自我评价			小组评价			教师评价		
	10 ~ 9	8 ~ 6	5 ~ 1	10 ~ 9	8 ~ 6	5 ~ 1	10 ~ 9	8 ~ 6	5 ~ 1
	占总评 10%			占总评 30%			占总评 60%		
学习活动 1									
学习活动 2									
学习活动 3									
学习活动 4									
学习活动 5									
协作精神									
纪律观念									
表达能力									
工作态度									
任务总体表现									
小计									
总评									

任课教师：________ 年 月 日

附　　录

附表1

交接班记录

设备名称：　　　　　　　　设备编号：　　　　　　　　使用班组：

项目	交接机床	交接工、量、夹、刃具			交接图样	交接材料	交接成品件	交接半成品件	工艺技术交流
数量、使用情况（交班人填）									
交班人									
接班人									
日期									

附表 2

设备日常保养记录卡

设备名称：　　　　设备编号：　　　　使用部门：　　　　保养年月：　　　　存档编码：

日期保养内容	1	2	3	4	5	6	7	8	9	10	11	12	13	14	15	16	17	18	19	20	21	22	23	24	25	26	27	28	29	30	31
环境卫生																															
机身整洁																															
加油润滑																															
工具整齐																															
电器损坏																															
机械损坏																															
保养人																															
机械异常备注																															

审核人：　　　　年　月　日

注：保养后，用“√”表示日保；“△”表示周保；“○”表示月保；“Y”表示一级保养；“×”表示有损坏或异常现象，应在“机械异常备注”栏给予记录。